传统村镇聚落空间解析

赵之枫 编著

中国建筑工业出版社

图书在版编目(CIP)数据

传统村镇聚落空间解析/赵之枫编著. —北京：中国建筑工业出版社，2015.7
ISBN 978-7-112-18212-1

Ⅰ.①传… Ⅱ.①赵… Ⅲ.①乡镇-居住区-空间规划-研究-中国 Ⅳ.①TU982.29

中国版本图书馆CIP数据核字(2015)第137959号

责任编辑：刘　静
责任设计：董建平
责任校对：李美娜　党　蕾

传统村镇聚落空间解析
赵之枫　编著
*
中国建筑工业出版社出版、发行（北京西郊百万庄）
各地新华书店、建筑书店经销
北京科地亚盟排版公司制版
北京顺诚彩色印刷有限公司印刷
*
开本：787×1092毫米　1/16　印张：9½　字数：202千字
2015年11月第一版　2015年11月第一次印刷
定价：**30.00**元

ISBN 978-7-112-18212-1
(27349)

前　言

“建筑之始，产生于实际需要，受制于自然物理，非着意创制形式，更无所谓派别。其结构之系统，及形式之派别，乃其材料环境所形成。”（梁思成）

聚落是社会的最小单元，是人类聚居环境的基本领域。传统村镇聚落是民族性、地方性最突出的聚落单元。散布在全国各地的村镇，它们大多是按农耕、渔业、集贸、驿路等实际需要而发展起来的。由百姓所建，因地制宜，灵活机动，变化多端。俗语称“十里不同风，百里不同俗”，每个聚落集团，皆因其生活习惯、文化素养、民族风俗、地区自然条件等方面的制约形成独特的物质文化，包括聚落形态。同时，古代社会的交通条件差，地区生活相对闭塞，所以其传统风格会保持一个较长的时期，可以说，传统性在村镇聚落中保持得最为明显。

传统村镇聚落中的民居建筑是人民生活的物质载体，是满足遮风避雨、防寒祛暑、饮食起居、生产操作、奉亲会客、读书学习等项活动的构筑物体。但是人们的生产、生活不是孤立的、局限的，人类是以群居的方式生存着，皆有一个生活圈子，存在着多方面的社会联系与社会生活。同时，封建社会时期代表政治统治、文化教育、商贸经济及农耕田作等内涵的庙堂文化、士大夫文化、市井文化、乡土文化等对村镇聚落产生深刻的影响。农耕文化是中国封建社会的主体文化，但是乡土文化和乡土生活不是孤立的，它是庙堂文化、士大夫文化、市井文化的共同基础，与一个时代整个社会的各个生活领域有着千丝万缕的关系。因此，在村镇聚落中包含有民居、作坊、祠堂、书院、庙宇、集市等各类建筑。在少数民族村寨中还包括有特定的文化建筑内容，如鼓楼等。民居建筑之间、民居建筑与其他建筑之间相互依存、相互影响、相互作用，形成了村镇聚落。

村镇聚落以生产为纲，建筑内容以民居为主，表现出村镇规划布局与社会文化和自然条件之间的有机联系。聚落是一个有机整体，本书力求把研究的重点放在聚落的整体上，关注于聚落整体之间的关系，也关注于聚落整体与自然环境、历史环境的关系，以及聚落的空间形态与社会组织的关系。首先探究中国传统村镇聚落发展的经济社会文化背景，继而分析传统村镇聚落的选址与布局、空间组织和空间形态，对传统村镇聚落进行了多方位的空间解析。

目　　录

第一章

传统村镇聚落的起源

在人类社会出现以前，自然界都是自在之物。随着人类的出现，大自然越来越成为人类活动最密切的对象。如岩石的洞穴、干旱的黄土高原，大地上的草、木、土、石被人们用来居住和作为建筑材料，自然界凝聚着人类的劳动。随着原始农业的诞生，先民开始由逐水草而居的游牧生产方式逐渐发展为依附田地的定居生活，出现了相对稳定的、有组织定居和生活的场所——聚落。人类由巢居到穴居，由逐水草而居到定居，由散居到聚居，以及由村落发展为城市，利用和改造自然的能力不断提高，创造出各种形式的聚落环境。

第一节　聚落的起源

一、洞穴居址出现

在漫长的原始社会，人类最初以采集和渔猎为谋生手段。为了获得天然食物，人类不得不随时迁徙，原始人或在树上做巢居住，或栖身于可随时抛弃的天然洞穴。北京周口店洞穴中发现的北京人化石据考证距今为23万年～58万年。在洞穴中还发现各种石器、动物化石和用火的遗迹，说明旧石器时代晚期已有相对成熟的穴内空间模式。这些极其简单、原始的居处散布在一起，就组成了最原始的聚落雏形。

二、原始聚落出现

随着冰后期的到来，人类社会出现了飞速的发展，从旧石器时代跨入了新石器时代。随着生产力的发展，出现了在相对固定的土地上获取生产资料的生产方式——农耕与饲养。距今7000～9000年，农业出现。由于农作物从种植到收成需要很多工序，加上农业需要的石器工具与狩猎工具相比，不仅种类多、数量大，而且比较重。因而从事农业的人逐渐考虑建造固定的可以长期使用的住所。因此，在母系氏族社会，随着原始农业的诞生，出现了相对稳定的、按氏族血缘关系组织定居的“聚”。“聚”是一个原始自然经济的生产与生活相结合的社会组织基本单位。随着农业的发展，人口逐渐增多，聚落不断扩大。

以血缘为纽带的氏族聚居，千百年来总是相对稳定在某一经过自然选择的地点上。根据已有的考古发掘研究，我国史前时期的聚落分布均有以下特点：（1）靠近水源，不仅取水方便，而且有利于开展农业生产活动；（2）位于河流交汇处，交通便利；（3）地处河流阶地上，不仅有肥沃的耕作土壤，而且能避免受洪水袭击；（4）若在山坡处，较多处于阳坡；（5）从聚落所处的地貌类型看，经历了从山前丘陵到河谷岗地，再到河流阶地和平原的发展过程。[1]

第二节　聚落的发展演变

一、中心式聚落出现

从中石器时代开始，聚落进入相对快速发展的阶段，逐渐形成一些内聚中心

[1] 李红．聚落的起源与演变．长春师范学院学报（自然科学版），2010（6）．

式聚落。聚落并非单独的居住地，而是与耕地等各种生产基地配套建置在一起，呈现出一定的功能分区和向心式格局。

陕西临潼姜寨村落，形成于仰韶文化时期，其年代约为公元前4600～前4000年。整个氏族聚落以环绕中心广场的居住房屋组成居住区，周围挖有防护沟，沟外分布着墓葬区和制陶区。居住区是整个“聚落”的中心。100余座房屋分成五组，每一组的核心是一所供特定人群使用的公共性的“大房子”；五组房屋联成一体，围绕着一个中心广场呈环状布置。“大房子”作为一个族群的室内聚会场所，而中心广场则是整个“聚落”的室外聚会空间。从姜寨村落可以看到朴素状态的聚落分区规划观念开始出现，它显示了聚落的向心性（图1-1）。

陕西西安半坡聚落约形成于距今五、六千年前。经发掘，整个聚落由三个性质不同的分区组成，即居住区、氏族公墓区、陶窑区。其总体布局与上述姜寨聚落如出一辙。居住房屋和大部分建筑，如贮藏粮食等物的窖穴、饲养家畜的圈栏等，集中分布在聚落的中心，构成一个占地约3000平方米的居住区，成为整个聚落的重心。在居住区的中心，同样有着一座供集体活动的“大房子”，是氏族首领及一些老幼的住所，氏族部落的会议、宗教活动等也在此举行。“大房子”与周边广场构成了整个居住区规划结构的中心。46座小房子环绕着这个中心，门都朝向大房子。居住区四周挖了一条长而深的防御沟。居住区壕沟的北面是氏族的公共墓地，几乎所有死者的朝向都是头西脚东。居住区壕沟的东面是烧制陶器的窑场，形成制陶区。半坡聚落同样形成了功能分区明确的聚落形态（图1-2）。

原始聚落遗址还有陕西宝鸡北首岭聚落、郑州大河村聚落、黄河下游大汶口文化聚落、浙江嘉兴的马家滨聚落以及余姚的河姆渡聚落等，均表现出明显的以居住区为主体的功能分区结构形式。说明中国的村落规划思想早在原始聚落结构中，已有了明显的、普遍的表现（图1-3）。❶

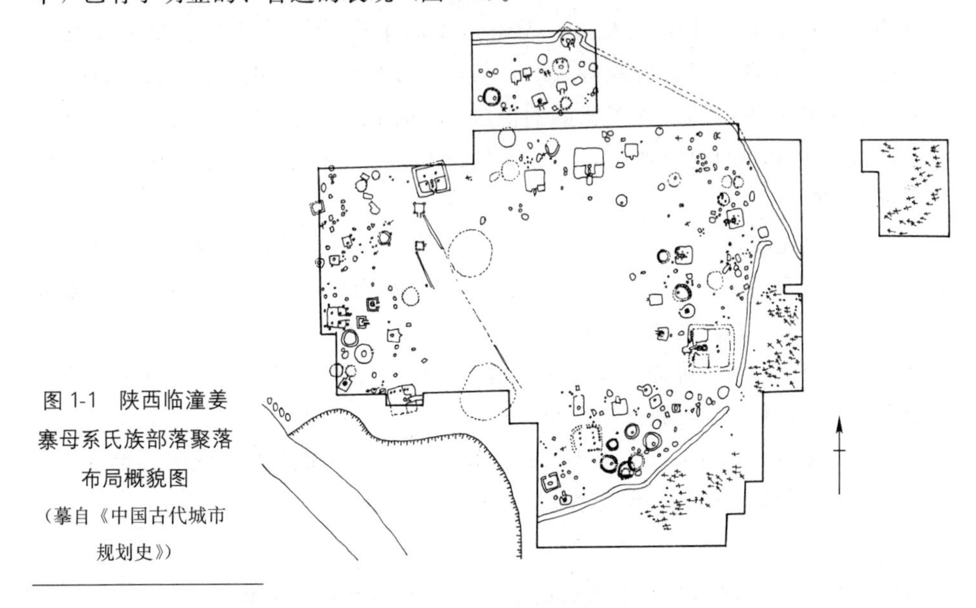

图1-1　陕西临潼姜寨母系氏族部落聚落布局概貌图
（摹自《中国古代城市规划史》）

❶ 刘沛林．论中国古代的村落规划思想．自然科学史研究，1998（1）．

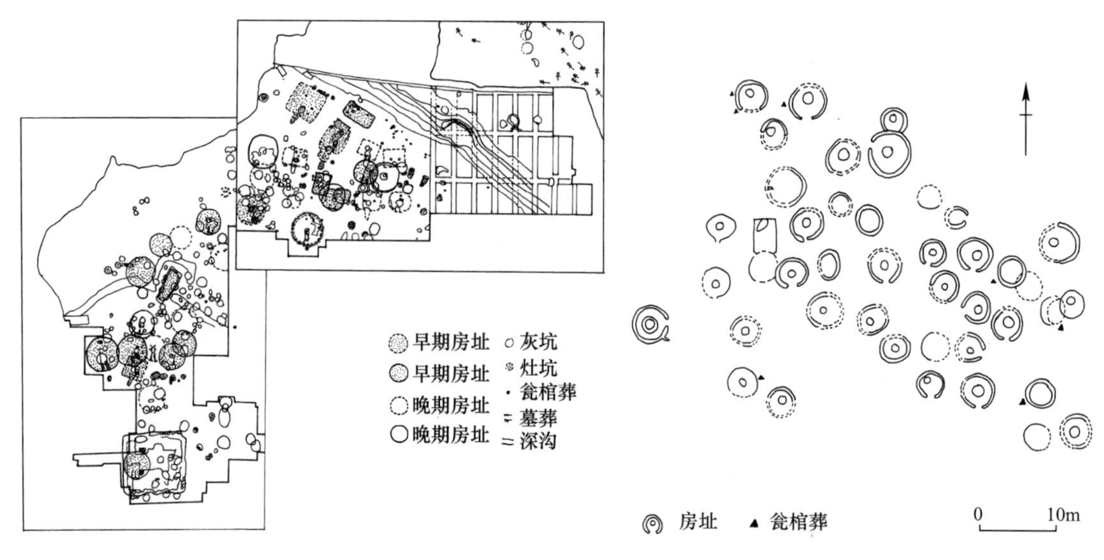

图 1-2 陕西西安半坡氏族部落聚落总体布置图
（摹自《中国古代城市规划史》）

图 1-3 河南汤阴白营氏族聚落居住区布局示意图
（摹自《中国古代城市规划史》）

二、聚落分化

新石器时代晚期，原始聚落出现分化，是我国城市聚落的起始时代。距今4500年左右，也就是龙山时代到来之后，远古聚落逐渐被新兴的城邑和其周边郊野的村落所取代，新兴城乡二元结构登上历史舞台。一些中心性聚落渐渐从“聚落”中脱胎而出，成为“城市”或“城邑”。中国早期城邑形成的标志表现为：城邑是少数贵族对多数百姓的统治，伴随着中间阶层的瓦解而形成，既体现着卫君的功能，又实现着城市对乡村的统治，城乡对立开始形成。城邑拥有相对集中的非农业生产人口，无论是脱离生产的统治阶层、祭祀文化阶层，还是手工业者及权贵的服侍人等，其数量与比例都远超过中心性聚落，从而使其必须建立庞大的粮食等物品的供应储存体系。乡村自出现之日起，就注定了以城邑为中心的附庸地位，一个城邑统有着若干村落成为早期城乡关系的基本模式。❶

大约在公元前5000年至公元前3500年，农业生产技术的创新和第二次社会大分工，使剩余产品有直接交换的可能，于是，集市出现。然后，许多手工业和商业集中在市集，并筑石墙、城楼把市集围绕起来，便逐步成为城市。❷

从上述聚落的演变可知，农业在优越的地理环境中得到发展。农业的出现使人类走向定居，其发展导致社会由母系氏族向父系氏族转变，而后，父系家庭的发展又导致父系家族与宗族的出现。经济和权力集中使聚落中出现中心聚落和城市，聚落产生分化，形成城乡关系。

---

❶ 李红．聚落的起源与演变．长春师范学院学报（自然科学版），2010（6）．
❷ 李红．聚落的起源与演变．长春师范学院学报（自然科学版），2010（6）．

随后，在漫长的历史进程中，乡村聚落依托于农耕社会逐渐发展。一般说来，聚落的发展与演变和自然环境诸因素的关系甚小，而生产环境和社会文化环境则随着生产力的发展在不断变动，成为引起乡村聚落演变的主要因素。

第二章

传统村镇聚落发展的经济社会文化背景

村镇聚落是先民为了遮风避雨，防兽防盗，营造方便、舒适的生活空间而建造的居住聚落。任何一个聚落都存在着成长、发育的过程。但是具体到每一个传统村镇聚落，则有巨大的差异，千变万化。聚落所在地域的经济、社会、文化结构不断地影响着聚落的形态和结构，形成特定的文化意义。

影响聚落形成的因素包括经济因素、政治因素、思想信仰因素等多方面。除了地形、地貌、水系、交通、气候等自然条件外，还包括：经济生活因素，不同聚落的居民从事的产业类型具有不同的生活方式及要求；政治因素，包括哲学、宗教、制度等的状况；思想信仰人文因素，包括家族、家庭、风俗、风水、教育等。有些是单一因素起主导作用，有些是多种因素互为影响。诸多因素中的影响作用不是均等的，在某种特定条件下，某项因素的作用会凸显，成为主导因素，随着时间的推移，其他因素也会取而代之，成为重要的条件。

第一节 经济发展

村落的起源是自发的、多种多样的，取决于社会、经济、文化诸多因素的综合作用。有些村落是由血缘关系构成的社会群体，聚族而居，世代延续，有些则是出于自身安全的需要，在自然灾害与变迁、人为破坏（如战争）的影响下被动形成的，但是最主要的因素是中国封建社会的农耕经济。农业生产离不开土地，为了耕作方便，农民只能就近定居在田地附近，他们生活在这块土地上，繁衍后代，并世世代代从事农业生产劳动，于是村落便星罗棋布地分布在广袤的土地上。

经济运行机制和村民的经济生活是影响村镇聚落构成机制的根本因素。

一、基于农业生产的传统村镇聚落

传统乡村聚落的区位结构特征表现为孤立和分散。这种分散性是与农业生产的分散，与自给自足的自然经济联系在一起的。

传统社会的经济是以农为本的自然经济，土地提供了人们最基本和最大量的生活资料，农业活动也就成为传统社会最主要的经济活动。中国6000多年的文明发展史一直以拓荒耕种为基础，人口增长、土地面积扩大，不断地拓展生存空间，农业生产尤其是耕作在其中占有特别重要的地位。

自然经济的基本特征是自给性。乡村的生产、流通、分配、消费及再生产过程也都建立在自给自足、自我循环的基础之上。这种自给性特征的形成是适应传统农业生产力发展水平的，原始的生产工具和生产技术迫使农民一家一户在小块土地上耕作。限于耕作技术和社会经济结构的限制，自然经济总体生产水平较低。家庭经济的同构化决定了村落经济的单一化。

自然经济模式将农民、家庭、村落与外界联系的要求降到最低限度。每个村落就像一个自给自足的经济单元，它所需要的一切东西几乎都可以从内部得到，这种内向型经济模式以自给自足的家庭为细胞，以村落为核心，以耕作为经济活动空间。

作为自然经济一个重要支柱的传统手工业生产，其典型形态是依附于小农业的家庭副业，起着补充农业不足、维护农民自给生活的作用。在整个农村经济中，工业只处于从属于农业的次要地位，作为副业生产的传统乡村工业一开始就是传统农业的天然和必要补充。在家庭这一稳定的农业生产规模上，二者牢固地结合在一起，决定了村落内部生存方式的持久性，使传统乡村工业难于向真正的商品生产过渡。商业也长期停滞在个体化的方式上，以贩运贸易为主，难以对村落有太大影响。每个村落就成为一个封闭的自给自足的生产单位和社会组织。[1]

---

[1] 张小林．［南京大学博士学位论文］乡村空间系统及其演化研究——以苏南为例，1997：87.

自然村的基本构成单位是家庭，每一个家庭都是一个小社会，从生产到生活，从生育到教化总是自成体系，但又与其他家庭相类似。由众多单个家庭构成的村庄，同样成为一个生产、生活共同体，既与别村区别又具有同样的模式。总之，每一个自然村都拥有极为类似、长期不变的人口结构、生产方式与生活方式。❶ 自然村作为农村基本的生产、生活、交往等活动的单位，一般都具有相对集中的农家房舍、村落活动中心与公共设施，不论其规模大小，都具有相似的空间构成。村落以宗族血缘为纽带，堪舆学说、宗法制度和伦理道德观念等构成村落的核心、约束与秩序。马克思认为，乡村的结构特征就表现为同质和分散，“一小块土地，一个农民和一个家庭；旁边是另一小块土地，另一个农民和另一个家庭。一批这样的单位就形成一个村子；一批这样的村子就形成一个省……好像一袋马铃薯是由袋中的一个个马铃薯所集成的那样”。❷

自然村首先受自然农业的基础——土地的影响，土壤肥力、民居面积大小决定该土地范围承载人口的数量，亦决定自然村落的规模与密度。村落经济圈是以耕作半径为腹地的对外封闭的经济圈。与内向型经济空间相对应，传统乡村聚落空间系统是以村落为中心，分散组合而成的“村落结构化”空间。表现为空间分布的均匀性和职能上的同构性（图 2-1）。

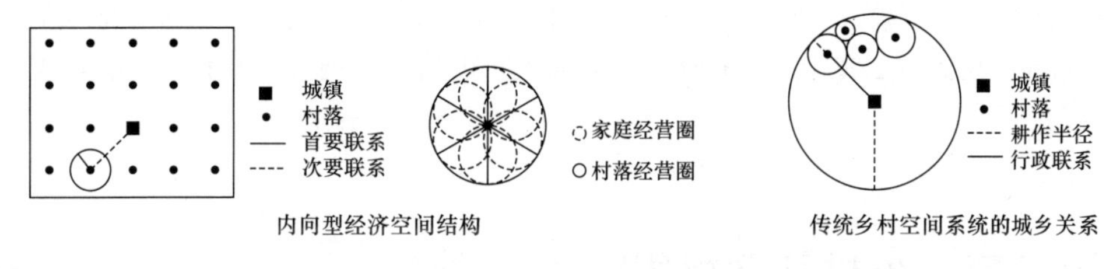

图 2-1　村落的均质分布

总之，传统的乡村聚落空间基本上是在农耕社会中形成和发展起来的，自然经济是其典型特征，封闭性、内向型是其典型的社会形态，具有很强的同质性和封闭性。

二、商业活动与集镇聚落空间格局

传统乡村聚落长期处在相对稳定的状态中。商业在封建社会被称为末业，是以社会服务业的面貌出现，在聚落形成中处于次要地位，仅在封建社会末期才逐渐发挥作用。某些水陆码头、货场中转集散地等依托其交通的便利因素而形成发展为商业交通村镇。

在长期自给自足的自然经济中，农业生产占有特别重要的地位，农民被紧紧地束缚在土地上，繁衍后代，并世世代代地从事农业生产劳动。为了耕作方便，就近定居下来。虽然是自给自足的小农经济，但农户除缴纳沉重的租税、维持自身较低的消费外，仍然有些剩余的农产品可以进行交换，进入市场流通，手工业

❶ 周沛．农村社会发展论．南京：南京大学出版社，1998：10.

❷ 马克思恩格斯选集（第一卷）．北京：人民出版社，1972：693.

和商业便从农业生产中逐渐分离出来，产生了简单的商品交换，出现了交易的场所（集市）。集市的称呼不一，可称为“市”、“集”、“场”或“墟”。北方通称为“集”，南方的广东、广西称“墟”，四川、贵州、云南称“场”，有些地方也称为“市”。市、集等组织都是由村落发展而成，在这里有商业街，为附近村落的交易中心。有的市集则没有商业街，而有所谓的定期市；这种定期市平常与村落没有两样，在定期的交易日，却成为繁华、热闹的小镇。在市、集、场或墟以上的是镇，镇是由市、集等扩展而来。当经济逐渐发展，随着商品交换的频繁、商品量的增加和居民消费水平的提高，地方的贸易行为增加，在集市周围出现了囤积货物的栈房、手工业作坊和常年营业的店铺，由于营业方式的改变，产生了一种使人口重新集聚的力量，几个市、集中的一个，就因为交通方便或地点适中而渐渐变成为镇。成为镇后，农村的色彩就愈来愈淡，最后成为一种纯粹的贸易中心。

我国封建社会后期，特别是明清两代，全国商品经济主要在小城镇和集市中发展起来，许多江南集镇的市场范围扩大到全国。1500年至1800年的三百年间是市镇的稳定成长时期，尤其是从明正德、万历到清乾隆，市镇数量大约增加一两倍以上。19世纪中叶以后，江南市镇进入极盛时代。如江苏省一些重要集镇的形成大都是在封建社会后期。苏南吴江的震泽镇，据1747年编撰的县志记载：“元时村市萧条，居民数十家，明成化中至三四百家，嘉靖间倍之而又过焉，迄今货物并聚，居民且二三千家，实邑西之藩屏也。”[1] 这一发展过程是相当具有代表性的。

第二节　乡村社会组织

一、社会组织类型

村落的社会组织类型，若从人员组成上分，主要有两种：家族村落、杂居村落。

家族村落，又称同姓村落，一般是以一姓家族分户聚居的村落。这类村庄最初是一家一户的定居，以后发展为大家庭，人口众多，不易管理，又分离成若干小家庭。各个家庭一脉相承，有着共同的血缘关系。另外，也会形成庄园式村落。封建社会大地主很多，他们大多有庄园，常自成村落，以其姓氏冠之，如张家庄、李家庄、祝家庄等。

杂居村落，则为杂姓居住。或者是以一姓为主，其他杂姓为辅的村庄；或者是多姓共居的村庄。前者大多是占大多数人口的姓氏家庭住村里，外来的杂姓住村边。有些村名虽是单姓，却是地道的杂居村，这是因为原来是某一姓的地方庄

---

[1] 金其铭．农村聚落地理．北京：科学出版社，1988：56.

园，但后来庄主衰败，而其佃农等人众多，有着不同的姓氏，成为后来的杂居村落。

二、组织管理体系

在传统村落中有地方村落组织，在家族村落中大多由族长负责村落的组织管理，在杂居村落中也会有占大多数的家族族长管理村落。同时，乡村也存在着系统的管理体系。

中国历史上在乡村建立系统的管理制度始于周代。《周礼》称周代之中央地区为“国”，地方区域为“野”，乡村是传统中国最低的国家行政单位——县以下的地缘组织。一般认为，“里”是最基本的农村编制单位。除了里以外，秦代时还有“聚”与“落”的乡村组织。据学者考证，“聚”是乡以下的农村人口的自然聚居地，与里的规模大致相当。聚是两汉设立学校时所划分的乡村组织，不具备行政与法律意义，更不是基层编制单位。有的聚只有三几户人家，也有的聚与里相当。“落”是乡村组织的细胞——家户。❶

秦汉的乡亭制、隋唐的乡里制、宋代的保甲制、明代的里甲制、清代的保甲制，名目不一，内容有别。基本形式是积若干家为保，积若干保为里，积若干里为乡，有如分子结构，由小到大，结成一体。里甲制及保甲制，不是以自然乡村为里、甲及保的单位，而用里、甲、户及里、甲、保为标准，即用一种与自然村落完全不同的制度来编组。一方面，减少地方村落组织的影响力；另一方面，以户或家为基准，以中国传统的家庭为单位，从聚落形态上产生一种无形的力量，把各种人、户、村落冻结，固定在各自的土地上，限制了人口（家庭）的迁徙。❷

以明代为例。明代的乡村组织实行里甲制。里甲制下的里，以110户为单位，依各地情况而不同，有的地方一里包括几个村落，有的地方一个村落分成几个里。因为中国乡村环境的差异，再加上各地方言的不同，所以里的名称各地有不同的称呼，例如，在北方常称为“社”，有些地方又称为“图”，这也许是因为明代户口版籍黄册的第一页上都附有一张图表的结果。有些地方称为“都”、“鄙”、“隅”、“屯”等。里之下再分为甲；在组成这种里甲制时，是不会破坏自然村落的社会结构的，政府不会为了组织里甲制而迁移人民，以求符合110户为一里的标准。里甲之编成并未破坏自然村落的社会结构，也未强迫户口从此地搬到彼地，以补充110户的需要。理论上，里甲的编成建立了一个新的乡村结构，不管自然乡村的范围有多大，都把民户每十户组成一甲，十甲组成一里。但是这仅仅是为了赋税之征收、劳役之分配及地方上治安之维持而设立的一种无形的组织。❸

---

❶ 余英．中国东南系建筑区系类型研究．北京：中国建筑工业出版社，2001：136.

❷ 丁俊清．中国居住文化．上海：同济大学出版社，1997：87.

❸ 丁俊清．中国居住文化．上海：同济大学出版社，1997：86.

第三节　宗法制度和礼教传统

宗法制度是中国古代社会的重要特征之一，而血缘关系则是影响乡村聚落形态的一个重要因素。乡村聚落就是人类以血缘关系为纽带而形成的一种聚族而居的村落雏形。家庭、家族和宗族是血缘关系的三种表现形式，这种按血缘关系聚族而居的状态，历经奴隶社会和封建社会长达几千年之久，至今在广大农村中还有广泛而深刻的影响。这种由血缘派生的空间关系，数千年来一直影响着中国传统村镇聚落的形态。

一、封建社会宗法制度的发展

中国封建社会历来推行宗族制度，是用以维持家族血缘关系的一种制度。周代的宗子制度、魏晋至唐代的世家制度，都是宗法制度。

中国的宗法制度自周朝以来不断地演化，呈现出不同的形态。大致说来经历了四个阶段的发展。

第一阶段是周朝的宗子宗族制时代，那时大小宗法制与分封制相结合，天子既是国家首脑又是宗族领袖——宗子，使宗族与君统合一。

第二阶段是战国时代，社会大变革破坏了大小宗法制，使宗族遭到一次毁灭性打击，后经两汉时期的恢复，到魏晋南北朝、隋唐时代形成士族宗族制。即除宗亲外，又有相当多的官宦、豪强参加，扩大了种姓的范围，这些强宗大族，把持官途与土地，成为封建制的支柱。

第三阶段是唐代及宋元时代，科举制度形成了学而优则仕的途径，官吏的选拔大多由科举而来。这样，士庶的界限就为科举所突破，只要科举中第，破落户、穷秀才都可以在中举后陡然富贵，平步青云。随着科举官僚制的发展，尽管这时的皇族、贵族宗族仍然存在，但宗族是以官僚宗族为主体，这个时期的宗族从总体上说已进入无特权时代。由于封建地主阶级进一步分化，士庶地主在社会经济上占有同样的地位，为了巩固封建的生产关系，进一步扩大统治阶层，统治者提倡宗法制度，即一个姓氏祖先的子孙数代同居、共财共食、永不分家，认为这样可保持地主官僚家庭永续、世代荣华，防止地主阶级的分化、破产，使宗族成为封建国家的基石，达到保国保家的目的。

第四阶段是明清时期，官僚制继续发展，绅衿阶层扩大。他们为弥补丧失的特权，谋求社会权益，在地方上举办公益事业，而更重要的是组织宗族，因而使宗族在民间得到较大的发展。

由此可见，宗族关系作为巩固封建社会的最基层——宗族的核心机制而长期存在，并发挥为封建政权服务且能起到政权所不及的重要作用。因此，宗族关系以血缘为纽带，作为一种权力，就是族权，作为一种意识形态，就是自宋代发展起来标榜“三纲五常”的理学。政权、科举、族权和理学相结合，就使得中国封建社会的上层建筑更加严密。正是由于这一强化了的结合，增强了宗族的凝聚力。

二、宗法制度的运行机制

在农村提倡聚族而居的祠堂式家族制度，是宗法制度的重要体现。乡村聚落的迁移、建立与发展与之密切相关。

族居村落的分布，南方胜于北方，礼制影响也大于北方。这种现象源于北方战乱频仍，人员聚散不定。在古代移民中，战乱和垦荒造成的移民最多。在东汉末年、三国时期、两晋之际、南北朝对峙、安史之乱和藩镇割据、唐末五代时期、北南宋之交、宋元之际、明末清初等战争年代，少数民族进入北方和中原后，北方汉人逐步南徙至湖南、江西、江苏、浙江、福建、广东等东南地区。中原衣冠世族数次南迁，定居浙赣闽湘，偏安一隅，延及数世。在举族迁徙或宗族中相当一部分共同迁移的过程中，宗族作为组织者把族人聚集在一起，发挥了重要作用。

在宗法制度盛行的东南地区，聚族而居的现象非常普遍。一个村落往往就是一姓一族，有些大的宗族还聚居于附近几个村子。即使几姓杂居的大村庄，其中也必定有一姓是主要的占统治地位的宗族。如形成李家屯、诸葛村、赵家堡一类的同姓村寨。

这类聚落的宗法制度主要靠三项措施来维持，即建祠堂、编族谱、设族田。祠堂是全族的信仰中心及管理机构；族谱用以建立全族的血缘关系及次序，同时定有族规、族法来规范族人的行为；族田是开展全族公共事务的经济保证。

族田是宗法制度赖以存在的物质条件，依靠它把族众团聚在一起，叫作“收族”。族田是集体财产，不许族人侵夺盗卖，而且官方也明令确保宗族公有财产不可侵犯。族田的收入除去用于祭祀祖先、赈济贫困和供族中学子读书、赴考之外，还用于村落公共建设，如修水利，修路，修桥，设渡，设茶亭、凉亭等。小型公共工程的修建都由族田收入资助或各户集资建设，都靠宗族成员的协作来完成。这样，有了族田作为经济基础，宗族便会长久不衰。

宗族祠堂是宗族活动的主要场所，主持宗族事务的主要是绅衿。绅，也称缙绅，指退休的官僚及临时在籍养老侍亲、亲故守丧的官员；衿，泛指有功名的读书人，包括未仕的进士、举人、贡生和秀才、监生。所以，绅衿不是官，又非平民，是处于官民间的一种特殊的社会阶层。与官僚相比，他的家族成员没有特权，所以绅衿们转而谋求社会权益和影响，热心地方公益事业。绅衿在地方上有影响、有声望，热心于宗族活动，以宗族势力作后盾，提高自身在地方的影响力。另外，地方商人乃至一般农民，有的也能成为族长，因为宗族遍及民间，不是每个宗族任何时期都有绅衿人物出现，所以毫无功名身份的人在这种情况下也会成为宗族事务的主持人。商人热心于宗族事业并主持平民宗族事务的情况也不少，建祠堂、修家谱、合族祭祖活动需要不小的财力。特别是到清朝中后期，工商业者的社会地位有所提高，在这种情况下，宗族往往乐于接受他们对宗族事业的捐助，进而推举他们担任族长。

明清时期，宗族的组织功能也发生了转变，由以往以政治功能为主，发展到以社会功能为主。这种演变过程，在性质上，逐渐由贵族组织变化为民间组织，平民性日趋增强；在成员上，逐步实现由社会上少数人参加变为多数人参与。它以兴办宗族义庄、族学、祀田等多种形式，倡导宗族互助、赈贫恤老，增强了其社会功能。[1]

可以看到，宋以后，特别是明清以来，封建基层政权和宗族组织，是农村中同时存在的两种组织形式。由于聚族而居，一村就是一族，封建基层政权也往往以村落为单位建立起来。这样，一个自然村落，从宗族系统来说是一个宗族组织，按血缘关系来划分居民；从政权系统来说，它又是一个基层政权组织（如里甲、保甲），按地域关系来划分居民。这两种组织形式，在东南地区是合二为一的，族长往往就是里正、甲首，他们统治下的村民，既是全宗族的成员，又是全村落的村民。清人冯桂芬在《复宗法议》中提出的“保甲为经，宗法为纬”的主张，就是对宋以后农村基层政权与家族组织关系的总结。[2]

三、礼教传统

在中国长期的封建社会中，以儒学为中心的礼教向来是立国之本，在古代礼制主要著作《礼记》中说：“道德仁义，非礼不成。教训正俗，非礼不备。纷争辩讼，非礼不决。君臣、上下、父子、兄弟，非礼不定。”一切社会活动以及相关的用具，皆需按照人们的社会地位，安排出一定的等级差别，并形成制度，相约遵守，即孔子说的“安上治民，莫善于礼”。礼是决定人伦关系、明辨是非的标准，是制定道德仁义的规范。这种礼教与礼制上自封建帝王下至平民家庭，一贯到底，所以广大农村的家族和家庭可以说正是贯彻执行这种礼制的最基层，是古代中国礼制统治的基础。

一个家族的存在和兴旺除了在物质生活上能够抵御天灾人祸之外，还需要能够维系家族秩序，增强族人聚合力，引导族人奋发向上的精神支柱与道德规范。礼教思想即是封建道德思想在伦理上的具体化，肯定了家族中的族权、父权、夫权的神圣。礼教思想以孝为先，对祖先要尊重孝顺，并派生出许多要求，这些要求往往反映在家训族规中。如祭祖宗、重纲常、孝父母、敬公婆、亲师友、训子孙、睦邻里、从夫子、肃闺阁、严治家、节财用等。礼不仅是一种思想，而且还是人们一系列行为的规则。

礼制理论长期左右着中国人的社会行为，以秩序化的集体为本，要求每一个人都严格遵守封建等级的社会规范和道德约束，礼制界限不可僭越。礼制成为稳定传统社会的无形法则，凌驾于现实生活之上，要求生活服从于礼制。礼制是村落精神空间形成的基础。礼制空间表现的是一种精神，一种对家族和祖宗至高无上的崇拜

---

[1] 余英．中国东南系建筑区系类型研究．北京：中国建筑工业出版社，2001：66.

[2] 余英．中国东南系建筑区系类型研究．北京：中国建筑工业出版社，2001：72.

和绝对的服从，成为左右中国传统聚落空间形成的基础。讲究礼制秩序的传统民居，在居住内环境上追求儒家的教化性空间，而在聚落外环境上则是以老庄思想为主导，强调对自然环境的尊重。

第四节　耕读文化和市井文化

一、田园山水与耕读文化

自古中国农村中即有耕读之风，人们追求的是“诗书以课子孙，耕植以治生理”的耕读文化，因此“天夫野老，亦曾读书；樵童牧儿，多解识字”。

中国的封建社会长期实行中央集权下的官僚政治。除了皇帝以外，所有的官吏都既不是终身的，也不是世袭的。人们通过科举的道路进入掌权者的行列，出身也很参差。而仕途凶险，这些官吏们又随时会被挤出这个行列。于是，中国的知识分子一向就做好了“达则兼济天下，穷则独善其身”的可进可退的思想准备。所谓“耕读”的理想，包含着进、退两个方面。

一方面是积极地猎取功名。通过读书，通过一级一级的科举考试，才能“学而优则仕”，步入仕途，为官发财，光宗耀祖。或研习文史、诗书自娱，做个有文化的地主。即使一生不中功名，亦以田园之乐为志趣。江西、皖南、楠溪江、闽北、粤东等地的移民，基本上来源于中原士族，多为读书门第出身，南迁后仍讲究以读书为本，使中国耕读文化走向成熟。唐宋八大家中欧阳修、王安石、曾巩三人都是江西人氏。特别是宋代，科举之风盛行，读书蔚然成风，人们一方面以农耕生活为本，一方面通过发奋读书入仕。明代以后，江西科举入仕者更多，“一门九进士，同胞两翰林”的现象已不少见。

江西省乐安县流坑村，始建于唐代开平初年，全村皆姓董，尊奉西汉大儒董仲舒为先祖。据明代流坑《董氏族谱》记载：流坑董氏原籍安徽，其祖董晋为唐朝宰相，其后裔为避唐末黄巢之乱，遂迁江西。董氏家族历来崇尚耕读，全村建有书院 28 所，先后出过文武状元各 1 名、进士 32 名、会元 1 名、解元 10 名、封子男爵 2 名、师保 6 名，举人就更多了，培养出县以上文武官员及文化名士达 300 余人。[1]

另一方面是消极的隐逸闲适，终老林泉之下。即使功成名就的，过些年也大多是要告老还乡，加入隐逸者的队伍。隐逸生活，在农业社会里，大多就是田园生活。田园山水与耕读文化是中国传统村落的境界。中国传统村落将田园山水与耕读生活相结合，达到寄情山水、亲近自然、致力读书、通达义理的境界。崇尚隐逸，会发现作为田园生活的大环境的自然山水之美，产生对自然的亲切感。中

---

[1] 郭谦．湘赣民系民居建筑与文化研究．北京：中国建筑工业出版社，2005：60.

原一带历代征战频繁，导致人口大肆南迁。山水秀丽且地理单元相对封闭的湘、赣、江南等地，成为中原移民躲避战乱、休养生息的理想之境。对自然山水的亲切感总是和理想的充满了道德价值的生活美联系起来。出于这种对田园、山水和耕读生活的热爱，在人文发达的南方农村，许多村子都有“八景”或者“十景”。它们是人文美和自然美的和谐结合。乡村文人们常常以发现、建设“八景”、“十景”为乐事，并以它们命题，吟诗赋词，寄托情怀。

浙江省兰溪市诸葛村至迟从明代起就有“八景”。这“八景”是：“南阳书舍”、“西坂农耕”、“双井灵泉”、“清溪夜碓”、“菰塘霁月”、“石岭祥云”、“岘山夕照”和“翠岫晓钟”，❶ 表现出浓郁的对田园美、山水美的热爱和对生活美的热爱（图 2-2）。

二、市井文化

中国古代以农业为本，封建统治是建立在地主土地所有制和小农经济基础之上的。中国古代早期的城市也是以农业为本的城市，是从农业聚落演化而来的，与农村有一种天然的联系。作为中国人主体的农民大都被束缚在土地上，历代王朝为保证赋税地租来源和巩固社会秩序，素称“以农立国”，毫无例外地把“重本抑末”作为“治国之道”。

据《吕氏春秋》载：“民舍本而事末则不会，不会则不可以守，不可以战；民

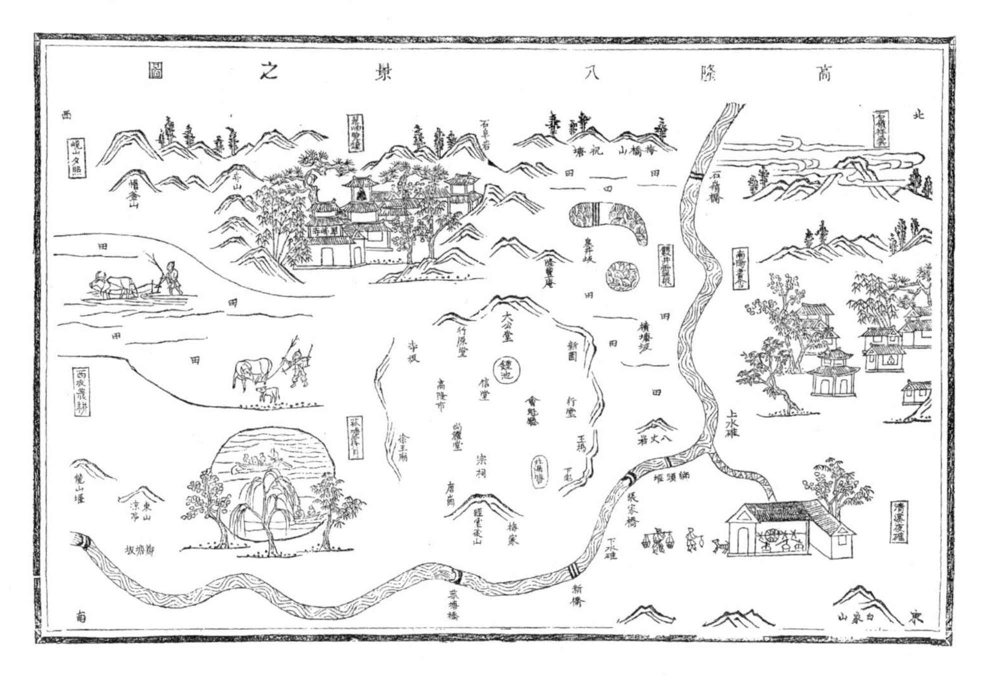

图 2-2　高隆八景图

（引自《村落》）

❶ 陈志华，李秋香，楼庆西．诸葛村．石家庄：河北教育出版社，2003：28.

舍本而事末则其产约，其产约则轻迁徙，轻迁徙则国家有远患皆有远志，无有居心；民舍本而事末则好智，好智则多诈，多诈则巧法令，以是为非，以非为是。”统治者认为，农民弃农经商使封建政权失去对农民的控制，因而征不到兵，收不到租，连法令也要落空，因此历代封建统治阶级都把工商业抑制在能够许可的范围内，限制民间（特别是乡村）手工业、矿业和商业的发展，维持乡村空间的稳固格局。

工商阶层受重农抑商国策的严重压制，社会压力很大，社会地位不仅远远在小官僚和小地主之下，也在世代“务本”的农民之下。由于社会地位低下，再多的钱也难保持得住，所以他们千方百计地想提高社会地位。另外，钱多了不仅成为众矢之的，而且是所谓“浮财”，成为盗贼、帮派掠诈的目标。而土地是偷不来也无法烧掉的“实财”，传之子孙要保险安全得多。因此，一般来说，经商成功之后，都设法在农村购置土地。还有些商人由于与农村的血缘联系，虽居城市之中，但对家乡这个血缘组织的眷恋始终不渝，“衣锦还乡，光宗耀祖”成为他们的奋斗目标，他们安身立命之所仍在农村。商人一边经商一边在家乡买地，兼收地租，遇上天灾人祸，土地歉收，还有商业利润；若经商遭遇不测，又有土地可以依靠。例如，明代徽州的商人遍布各地，与当时扬州的盐商、苏州的商人等中国各地成功的商家一起，被认为是当时中国经济运转的重要成分。他们在城市中经商，“致富后回家乡，修祠堂、造园林、再建高楼”成为他们的最后归宿和行为。

商人财富的一宗最大的消费，是建造房屋、建设乡里，这是历来的传统。有不少村镇，商人资本的投入并不是专注于扩大再生产，而是用于宗族的公共事业，修桥、铺路、建祠、立学。这一方面固然可以看出这种商人资本缺乏近代气息；但从另一方面看，这种公共事业对增强宗族的凝聚力，增强宗族的稳定性，起到了很大的作用。这便是具有中国特色的古老的血缘型社会保障机制。[1]

明代后半叶以来，随着商品经济的发展，早期的“商民”中有一些人很快富裕起来，同时，也就萌发了以他们为代表的新文化、新道德、新风尚和新的价值观。它们不可避免地要与“四民之首”的“士类”所代表的正统封建文化发生尖锐的矛盾。封建文化一贯崇本（农）抑末（工、商），所以就鄙视这些新的文化现象。但是，这种新文化因素，虽然带着“铜臭”甚至腐朽气息，却不是士类的正统封建文化所能抑杀的，它不但会随着商人建设乡里的行为逐渐扩大到村落里，价值观也会折射到上层文人的思想里去。商业经济所带来的新的市井文化，强有力地向传统文化进行挑战。占统治地位的上层文化、新的具有挑战性的市井文化和无所不在的民俗文化，它们三者的共存、纠结、矛盾和盛衰兴替，在传统聚落中表现出来，从聚落的结构到房屋的装饰以至于家具陈设，历历可见。

入仕、兴办社会公益事业和捐资纳官既实现了富商巨贾的政治理想，也摆脱了修建豪华大宅的种种限制，更大地促进了村镇聚落的建设和发展。长期的封建制度给了做官的人种种社会经济特权，既可保护财产又可增加财产。清廷视商人

---

[1] 郭谦．湘赣民系民居建筑与文化研究．北京：中国建筑工业出版社，2005：99.

为钱财之渊源，商人则视官府为庇护之所。富商得到官府的保护，商业活动的限制减少，财富的集聚更加便捷。商人家族若有人入仕，可以享受到较高级别的房屋建造数量和等级，院落众多，装饰豪华，宽大气派，借此光宗耀祖，庇荫后人。

南宋以后，江南农业发展迅速，明清以来衣冠大族多走“以商从文，以文入仕，以仕保商”的路线。如江西乐安县流坑村即以竹木业为振兴之本，浙江兰溪市诸葛村则以经营药业为主业。由于农、商、文、仕数业并举，大大增加了农村的经济实力及文化深度，所以才形成诸多高质量、深内涵的农村聚落。

江西省乐安县流坑村为董氏大村。宋代以来，由读书而做官，做了官又反过来刺激族人读书，造成了流坑村几百年的文化传统。但做官对流坑村更深远的影响却是积累财富。明代中叶以后，董氏凭借着当官发财的积累和比较高的文化水平，在明代长江中下游商品经济，尤其是后来清代江右商帮兴盛的推动下，相当成功地投入了工商业，主要经营竹木贸易。流坑的经济远比附近村落繁荣，同时也引起了流坑村深刻的社会变化。发了财的商人广泛结交官府，并且捐得儒林郎、州司马等虚衔，同知、千总之类的闲职或监生、贡生的身份。“四民之末”的商人成了最显赫的人物。他们也用钱买来在宗族中的荣耀地位。他们中有不少人以士绅的身份成为房长甚至族长。商人们出资助学，自家子弟享有种种便利，所以渐渐在文化上占了优势，甚至扮演了封建伦理教化的代表者的角色。他们也用些钱在公益事业上，修桥、铺路、造凉亭、赈灾、救济、恤孤、济寡、养老等，也兴办家学文化娱乐活动。从明代晚期嘉靖年间起到清代前半叶，流坑村进行了大规模的建设，包括建设环境。重新规划了村落布局，整顿了水系，建造了村墙、村门、书院和大量宗祠，住宅的规模和质量都有很大提高。商人们从而获得村人的尊重。到了清代，有钱的商人完全取得了村里的支配地位。[1]

安徽省黟县西递村自古文风昌盛，到明清年间，一部分读书人弃儒从贾，经商成功后，回乡大兴土木，建房、修祠、铺路、架桥，将故里建设得非常舒适而又气派堂皇。至清乾隆年间，共有600余幢豪华的深宅大院，形成规模宏大的村落（图 2-3、图 2-4）。

图 2-3　安徽西递村牌楼

山西省碛口镇因转运业的发展而繁荣。清朝至民国年间，碛口商品经济迅速发展，经商发财的大商家守土观念很强，多数把钱带回老家修窑建房。碛口镇街面上的店铺只是商家的经营点，店铺虽然宽敞高大，但大多简单，不加装饰，而是在老家大兴土木。碛口镇附近

[1] 李秋香，陈志华．流坑村．石家庄：河北教育出版社，2008：28-31.

图 2-4　安徽西递村

图 2-5　山西碛口镇远眺

图 2-6　云南和顺乡远眺

的李家山、西湾、高家坪、寨子山、孙家沟等比较偏僻的小山村里都有大规模的豪华宅院分布（图 2-5）。

云南省腾冲县和顺乡最初是依托屯垦守境发展而来。随着人口发展，单纯的农业经济难以支撑发展需要，和顺人开始境外经商。在当地农业经济与外援商业经济共同支撑下，和顺的经济实力有了很大的提高。在外经商的和顺人将可支配资金投入到公共教育及公共事业的建设中。以当地农业经济为依托，外引植根于本土的商业经济，成为和顺乡主要的经济结构体系。和顺乡的经济结构在聚落格局、建筑形态中也有较好的展示。由于和顺乡地处当地商贸的交通要道，商业活动频繁，也是西南珠宝主要集散地之一。为适应这种商业经济活动需要，在聚落南侧形成一条主要的商业街，它既是生活交通空间，也是商业活动的舞台。在富商宅第装饰中，可见各式的福语。花饰、图案大都描金，象征富贵、财运❶（图 2-6）。

第五节　地域文化

地域特征对传统村镇聚落也产生了很大影响。基于特定地理、气候因素的外

❶ 童志勇，李晓丹．传统边地聚落生态适应性研究及启示——解读云南和顺乡．新建筑，2006（4）．

部条件与经济社会文化因素相结合，以及随着移民而产生的各地文化的交融与碰撞，共同影响着区域内的传统村镇聚落，使其具有强烈的地域文化特征。

一、徽州文化影响下的徽州古村落

徽州是一个历史地理概念。地处皖、浙、赣交界处，包括现今安徽省的歙县、黟县、绩溪县、祁门县、休宁县、黄山市徽州区以及江西省的婺源县。其地形地貌以山地丘陵为主，间以少量的盆地。境内天然水系四通八达。新安江是徽州境内的主要河流，属钱塘江水系，该河及其支流涵盖了徽州半数以上的土地，徽州一府六县除婺源外都属于或部分属于该河流域。

因此，徽州自古有“八山一水一分田”之称。境内群峰参天，山丘屏列，岭谷交错，有深山、山谷，也有盆地、平原，波流清澈，溪水回环，到处清荣峻茂，水秀山灵，犹如一幅风景优美的画图。徽州地区的黄山山脉和新安水系使徽州地区形成一个相对独立的地理单元，享有“山水奇秀，称甲天下”之誉。封闭的地理环境、不便的陆路交通和安定的社会环境，为徽州地区形成相对独特的地域特色及文化氛围提供了物质依托。

徽州地区气候温和湿润，属于亚热带湿润性季风气候，具有冬无严寒，夏无酷暑，四季分明的特征。年平均气温15℃～16℃，大部分地区冬季无霜期236天。平均年降水量1670毫米。皖南地区是粮仓和油料作物的主要产地，自古十分富庶。黟县自古就有“小桃源”之称。

徽州世称“吴头楚尾”，地处楚文化与江南吴越文化的交界处。在这一南北约125千米，东西约200千米的广袤地域里，秦汉之际就有少数民族百越族居住。由于汉人的不断迁入，促进了越人的汉化。汉末各地征战、三国纷争、西晋八王之乱、永嘉之乱、北方少数民族之间的吞并、南方朝代的频繁更替……使得民间的流徙成为普遍现象。而徽州山高林密，物产丰富，地形多变，自古易守难攻，历来少受战乱侵扰，自然成为中原士族逃避战乱的首选之地。在4世纪初西晋末的永嘉南渡、9世纪末唐末的黄巢之乱、12世纪初的南宋王朝举国南迁这三次朝代更迭战乱中，中原士族大规模迁徙皖南，经过与当地古山越人的整合，使这里成为一个以中原汉人为主的移民社会。

据统计，迁居徽州的66个大姓中，两晋南北朝时期迁入的有10姓，唐代迁入的多达31姓，其中唐末占19姓；两晋至唐中期的迁徙者都是“出仕为官”、“爱其山水清淑”而定居徽州的，到了唐末的迁徙者则多为避乱徙居，两宋时期又有12姓迁入。[1] 中原移民往往以家族为单位，大规模、长距离跨江迁徙而来。随着生活的逐步安定，人口繁衍，家族又分支分派，村落也逐步分解，以血缘为纽带、以家族为单位的同宗同族村落逐步分解并产生更多的同宗同族村落。皖南现存的古村落大多数是在明清经济、文化发展繁荣时期（公元14～19世纪）逐步建

[1] 段进．世界文化遗产西递古村落空间解析．南京：东南大学出版社，2006.

设发展成型的。

由于中原人源源不断地迁入，民族不断融合，唐代以后便不见“山越”之称。从中原迁徙而来的多是北方望族，带来了当时中原先进的文化，其深厚的传统文化背景及士族门庭观念影响并侵蚀着当地风俗。同时这些士族的后代传承了封建社会以孔子为代表的儒家学说，进而发展形成了程朱理学，对封建社会各方面产生了极大的影响。宋代理学兴起以后，以伦理道德为核心的儒家观念更为彻底地主宰了徽州人的思想和行为。皖南人文兴盛，名人辈出，有父子宰相、叔侄状元、连科进士等。明清时期的徽州素以“东南邹鲁”和“礼仪之邦”而著称。

悠久的历史渊源通过经济与文化的发展与交流，孕育了独树一帜的地域文化，形成了皖南文化环境，其典型代表是徽文化。徽文化自南宋崛起，至明清已发展至顶峰，其体系完整、内容丰富、特点鲜明，主要内涵有：程朱理学（即新安理学，以程颐、程颢为先导，朱熹集大成）；江戴朴学（考据学上的重要流派）；新安教育（徽州历史上文风昌盛、教育发达，府县学、书院、社学、私塾、文会形成完善的教育体系）；新安画派（明末清初以浙江为代表，坚守儒家崇尚节操的人格思想，笔墨清简淡远，体现孤高冷峻的格调）；新安医学、徽派篆刻、徽州刻书、徽派版画、徽派建筑、徽州三雕、徽剧、徽菜，以及众多的地方民俗风情等。❶

明中叶以前，徽州仍以小农经营的自然经济为主，乡村风俗以敦厚、淳朴著称。乡村聚落一般呈现出“耕以自食、织以自衣”的田园生活。明弘治、正德和嘉靖时期，徽商开始兴盛并称雄中国商界500多年，有“无徽不成镇”、“徽商遍天下”之说。徽商在经济上的兴盛、稳定的社会环境和徽州文化的兴盛，推动着传统聚落进一步繁荣发展。徽人入仕荣归故里或经商致富返乡，总要“盛馆舍，广招宾客；扩祠宇，敬宗睦族；立牌坊，传世显荣”，徽州乡村聚落环境及其民宅、牌坊、宗祠、园林等建筑，共同构成独具地域文化特色的聚落形态。

明清时期徽州乡村聚落呈现出以下特征：村落规划选址与自然环境相结合；以宗族血缘为纽带，堪舆学说、宗法制度和伦理道德观念等构成村落内在的核心、约束与秩序；富于美学的空间组合形式和园林化气息，使乡村聚落景观呈现出浓郁的地域特色。

徽人受到长期的文化熏陶，士族后裔们的思想观念也开始留恋于皖南的青山秀水，形成以儒学为核心的伦理观和崇尚儒雅的审美观。这种审美观本身，融汇着中国传统思想方法的内涵，意与境、情与景、形式与本质，都通过对山水、自然和建筑的认识体现在徽州传统聚落的选址布局、营建房屋、处理建筑尺度和山水形势的关系等方面。村落选址、布局、建设既考虑了物质因素，又注重精神要求。在风水理论的指导下，村落的选址以土地肥沃、交通便利、环境优美、水源充沛等为基础，皖南丰富的物产资源也为村落的选址建设提供了充分的条件。既

---

❶ 吴晓勤．世界文化遗产——皖南古村落规划保护方案保护方法研究．北京：中国建筑工业出版社，2002.

表达了这种实用主义的建筑美学，又充分体现了徽州建筑文化中与自然融合的生态观、虚实相生的形态观、雅俗兼备的情态观。村落建筑考究、风貌统一、布局自然，反映了人类杰出的创造才能，形成了宏村、西递、南屏、呈坎、棠樾、关麓等一批知名的古村落。它们体现出较高的设计创作水平，也体现了皖南地域历史文化发展进程当中一段重要历史时期的文化沉淀，具有极高的历史、艺术、科学价值（图 2-7～图 2-10）。

在传统的徽州社会中，由于较少战乱，历史积淀与宗族文化传统深厚，反映

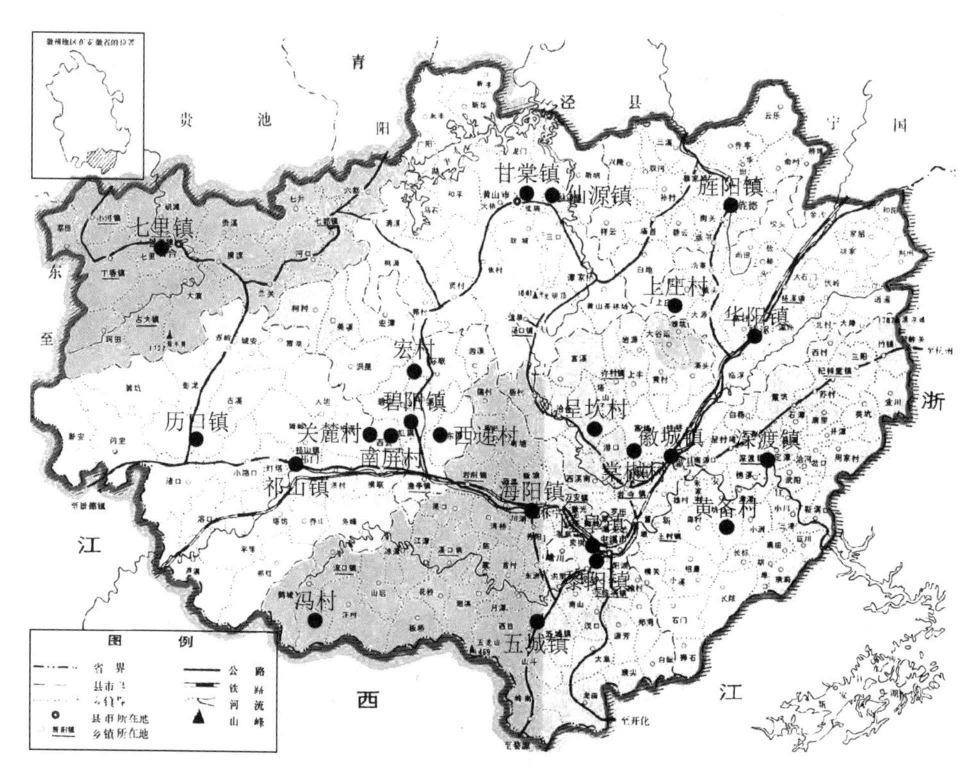

图 2-7　徽州古村落分布图

图 2-8　安徽西递村建筑

图 2-9　安徽宏村建筑

在聚落的空间组织上，往往以宗祠为核心而形成节点状公共活动中心，家族中的重大活动都在这里举行，久而久之也成了聚落成员的精神活动中心。明清时期徽商雄厚的经济实力也形成了徽州建筑兴盛的物质基础，祠堂建筑也日益普遍，规模越建越大，各族都有宗祠，其下各支、房也多有分祠，以至于大户也建有家祠。支祠随血缘组团分布，形成各自的次中心。如皖南歙县潜口村，村的核心部位设有总祠，其外围还分别设有上祠和下祠以及另外两个支祠。村落布局虽灵活自由，但层次和结构却非常分明。

图 2-10　安徽南屏村建筑

受耕读文化的影响，徽商“贾而好儒”，重视并资助文化教育。倡讲学、办书院、结文社之风兴盛，促进了文会、书院、学馆等文化建筑的发展。较早的书院有歙县竹山书院、问政书院、紫阳书院和婺源琪阳书馆等。徽人大多数熟读诗书，精通礼乐。明洪武年间“徽州府所为社学三百九十四所”，至清代“社学已有五百六十二所”，再加上书院、文会、私塾等就更多了。其次是大量的具有教化性主题的建筑小品，如宣扬孔教功德的“状元坊”，褒赞忠贞孝悌、积德行善的石牌坊；旨在光宏文礼、倡扬学风的文峰塔、文昌阁、魁星楼等。随处可见的楹联、题额、牌匾更烘托出教化性环境氛围。文化教育的兴盛，增添了众多的科举佳话，同时也促进了徽州文化和礼制性建筑的兴建。

徽州乡村聚落如黟县西递、歙县呈坎、唐模和雄村、休宁五城、婺源理坑、绩溪冯村等，书院、文庙、楼阁、水口园林等遍布其中，从而使得村落环境呈现出文化气息和园林化情调。明末至清中叶时期的徽州村落表现得最为突出的是富商豪门宅第、池馆亭榭、别墅花轩、雕梁画栋，风俗亦趋于注重奢侈、豪华。

二、晋商文化影响下的晋中古村落

晋中位于山西省中部，东依太行，西临汾河。晋中地区历史文化底蕴非常深厚，是中华文明的发祥地之一。商代后期境内就有大小城邑出现，更在春秋时期开始设立县一级行政建制，文化气质独特鲜明。

晋中地处黄土高原东部边缘，地势东高西低，山地、丘陵、平川呈阶梯状分布，大部分地区海拔在 1000 米以上。

晋中属暖温带大陆性季风气候，季节变化明显。总的特征为：春季干燥多风，夏季炎热多雨，秋季天高气爽，冬季寒冷少雪。全年太阳日照时数平均为 2530.8 小时。全市河流以太行山、太岳山中脊为界，分属黄河流域和海河流域。东部河流多属海河流域南运河、子牙河水系，主要有松溪河、清漳河、浊漳河；西部河流属黄河流域汾河水系，主要有潇河、乌马河、昌源河、惠济河、龙凤河、静升河。

晋商兴盛于明清时期，经营盐业、票号等商业，尤其以票号最为出名。山西地方风俗向往经商，特别是在清初，他们对经商持积极态度，绝不以经商谋利为耻，甚至引以为荣。他们读书做官不成，往往欣然弃儒经商，经商致富的成就甚至可以和应试为官相提并论。在这种特殊的心理环境中，山西商人对自身的职业取向没有太多的精神负担。当然，他们并非完全不关心仕途问题，晋商中也有考中进士或举人者。对他们来说，求得官位是事业成功的荣耀，当然也会为他们的商业活动带来多多少少的方便与利益，但为官思想却比其他商帮淡化许多。总的说来，晋人虽重商，但仍有重学的一面，他们是以学保商，“学而优则商”，商人中不乏有学问之士。有些商人子弟即使已取得功名，仍以经商为荣，甚至有弃儒为商的。这些人的参与完善了商业的经营，使商贸活动更加繁荣，一度成为风气，形成了晋商特殊的人文背景。与“贾而好儒”、“以商从文，以文入仕，以仕保商”的徽商形成鲜明的对比。[1]

山西商人并不强调聚族经商，而是在亲缘集团的基础上，逐渐发展为以“伙计制”为基础的地缘组织。明代的山西商人多实行伙计制，伙计与出资者不一定是同一家族之人。采取的是任人唯贤的办法，由出资者选择品行端正的同族人或同一籍贯之人做经理、伙计，赋予资本，由他们去经商，而且财东家族人往往不能干预。这样有资本者和无资本者都得益。出资者与伙计之间以信义为本。虽然俗话说“无商不奸”，但对于以经营票号为代表的晋商来说，在中国古代没有多少社会监督和公证机制的情况下，就是凭着坚定的信义和道义，在长达百余年时间里赢得了全国百姓的信任。“为善”和讲信义是晋商独特经商方法的概括和总结。

这种扩大化了的家族形态和对讲信义的高度要求，不可能仅仅依靠以血缘关系为基础的宗法礼制来规范人们的行为。晋商以神化了的关公的“诚信仁义”来团结同仁，请这位“神威广大”的神祇，监督他们全部的精神世界和商业交往活动，同时从关圣身上吸取无穷的正气力量，以维护自身的心理健康，有效地规范商业行为。这种观念也反映在村落布局上。山西的村镇聚落中大多不以祠堂为核心展开，而是以关帝庙为核心。关帝庙往往与场院、戏台组合成为村落公共活动中心，村中重大活动一般在这里举行，民众把关公作为楷模，赋予他道德、伦理、人格、价值观念等方面最优秀的品格。民众在集体性的定期祭祀及娱神活动中，接受关公优秀品格的潜移默化的教育。久而久之这里成为村落精神活动中心，建筑形制也远高于其他庙宇。虽然关公崇拜是全国性的，但尤以山西为最甚。

虽说在山西读书入仕的观念相对淡薄，但对子弟的教育却是十分重视的。只是优秀子弟多弃儒经商，中材以下方使之读书应试，所以虽然清代山西没有出一个状元，但却出了一大批儒商结合的经商人才。而事业有成的富裕商人们发家后返回故里，为了光宗耀祖，发展事业，不惜重金建宅第、修祠庙、办教育，乔家大院、渠家大院、曹家大院、王家大院等大宅院都为晋商所建，以至于在山西村村

---

[1] 林川．晋中、徽州传统民居聚落公共空间组成与布局比较研究．北京建筑工程学院学报，2000（1）．

有社学，私塾更是普遍，一些村落还有倡扬文风的文昌庙。在山西村落中随处可见的富有教化意味的牌匾、楹联，即是这种晋商文化精华的反映（图 2-11～图 2-13）。

图 2-11 山西乔家大院

山西的庙多是其村落的另一大特色。中国传统的民间信仰具有泛神论的特征，见庙就叩头，见神都供上，“凡百神灵，尽须顶礼”，“礼多神不怪”等是百姓的信条与宗旨。这一点在山西反映得十分突出。在山西的村落中，常常可以看到关帝庙、文昌庙、三官庙、菩萨庙、娘娘庙、河神庙、财神庙、玉皇庙、结义庙等。这些庙大多数是佛、道、儒及巫术神话等混合的场所。村民们在这里的主要社会活动，除了祭祖拜神、村中重大事情的协商及庆典之外，文化娱乐等活动也常在这里进行。这主要是因为在一些重要的寺庙节日，这些场所会举行庙会，而通常在祭祖拜神的同时又会伴随着文化娱乐活动和物资交易。当然，所有这些活动常常是在相应的公共场所展开的。此外，相邻村落之间也常约定俗成，确定集日或会期，利用村落中的场院这一公共场所进行物资交易和娱乐性集会。而这种集会，又常常与这些庙中的活动有关。集市和庙会不仅是村民物资交易的场所，也是一种社会文化现象，是乡村社会、文化娱乐、信仰及社会关系的载体。在信息传播条件落后的乡村，集市和庙会的社会交往意义是很重要的，是人们交流信息、省亲看女、探亲访友的好机会。❶

三、江南文化影响下的太湖流域古村镇

在长江三角洲广袤的平原上，以太湖为中心散布着大量的水乡村镇。太湖流域北滨长江、南临钱塘江，东接东海，西以茅山、天目山脉为界，总面积约 36500 平方公

图 2-12 山西王家大院

图 2-13 山西平遥古城

❶ 林川. 晋中、徽州传统民居聚落公共空间组成与布局比较研究. 北京建筑工程学院学报，2000(1).

里。太湖平原由长江泥沙冲击而成，整个地域内山少、水多，平原洼地广阔，地势平缓，土壤肥沃，河湖水网密布，河流总长达4万多公里，十分有利于农业生产和交通运输。太湖地区因东面临海，又没有高山阻隔，因而属亚热带海洋性季风气候。光照充足，雨水丰沛，大气湿润，四季宜人。丰富的水资源与温和宜人的气候，为其经济文化的发展提供了得天独厚的自然地理环境。

太湖流域的开发晚于黄河流域。从春秋战国到秦汉时期，当黄河流域农业已相当发达，成为我国政治、经济、文化中心时，太湖流域却还是“地广人稀”之地。东汉末年之后，由于黄河流域战乱频繁，对农业生产和社会经济造成了很大破坏，而长江以南的社会局势较为安定。西晋永嘉之乱、唐代安史之乱和宋代宋室南移导致了我国人口的三次大南迁，为开发江南地区带来了先进技术和大量劳动力。人口及耕地总数、粮食产量和地区经济水平都有迅速发展，至南宋时已是全国农业经济最发达的地区。水乡的条件适合种植水稻、养殖鱼虾，因而江南水乡又被称为“鱼米之乡”；同时，温和、湿润的气候适于种桑养蚕，因而又盛产蚕丝。受到农业发展的影响，该地区工业以纺织和缫丝为主。此外，以苏绣最为闻名的手工艺品也异常精美。明清时期，随着社会生产力的提高和社会分工的日益扩大，商业贸易不断繁荣，棉纺织业和丝织业有了极大发展，太湖地区成为全国蚕桑生产和丝织业的中心。经济的发展带动城镇数量的猛增，规模迅速扩大。各镇依托棉、丝、纺织、酿酒、砖窑等产业发展地方经济，以商品经济为纽带，形成了一批各具特色的水乡村镇，如周庄、乌镇、盛泽、同里、西塘、朱家角、南浔、震泽等（图2-14～图2-17）。

太湖流域的古村镇与水有着血脉相连的紧密联系。民众为了交通、生活所需，又开凿众多运河、渠道贯通天然河道，形成纵横的水网。纵横交织的河网使交通、运输变得极为方便，促进了贸易的发展。同时，水网也是古镇景观不可缺少的重要组成部分，因水成市，枕河而居。而民居的形式与自然条件和经济、文化等社会历史因素有着密切的关系。

太湖流域文化属吴越文化体系，相对于粗犷雄浑的中原文化而言，因其得天独厚的地理条件以及江南文化影响，呈现出自由而含蓄、朴素而雅致的整体风格，温和秀美，较少地受到严格的宗法礼制思想的束缚。由于经济的发达，生活中采取了更加务实的态度。“业商贾、务耕织、咏诗书、尚道义”是太湖流域古镇的社会意识和民俗风情的真实写照。

太湖流域的古村镇总体风貌呈现出朴素轻灵的美感，白墙灰瓦，小桥流水，既有闹市的繁华，又有独居的清幽，符合许多文人所追求的“大隐于市”的生活方式，特有的“小桥、流水、人家”的水乡风貌体现了与自然环境、文人文化水乳交融的古镇形态。

四、多元文化的传播与融合

汉文化是中华民族的文化之源，作为发展和传承汉文化的汉族是中国最主要

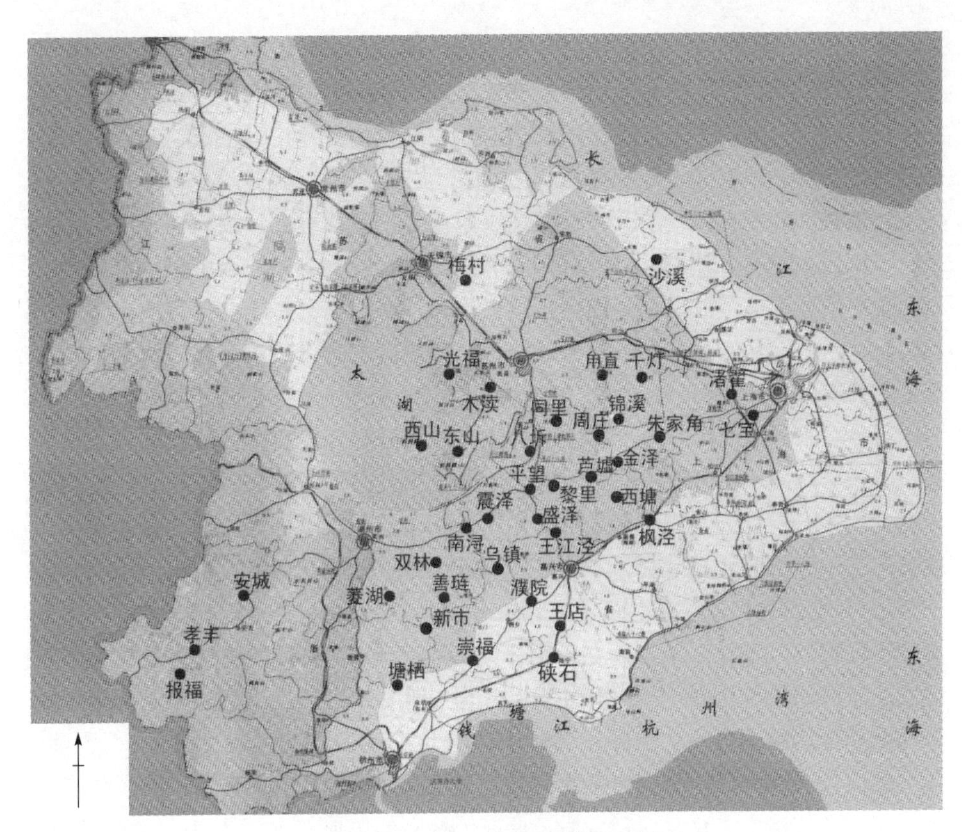

图 2-14　太湖流域主要古镇分布图

（引自《城镇空间解析-太湖流域古镇空间结构与形态》）

图 2-15　浙江乌镇

图 2-16　浙江南浔镇

的一个民族，历史也最为悠久。在黄河流域生活繁衍的汉族人，既沿袭了汉族先民在黄土地上创造的华夏农业礼仪传统，又不断吸收和融合了周边少数民族的文化内涵，形成了独特的中原文化。中原文化自先秦时期儒、墨、道、法并兴，百家荟萃，开中华民族古代文化之先河。而后，经历了从秦汉时期的孔孟

图 2-17　上海朱家角镇

之学，魏晋南北朝的唯心与唯物之争，隋唐时期儒、佛、道的相互融合，到宋明理学的漫长发展历程。随着人口的迁移和流动，在不同时期、不同地区，文化的发展都会同时受到多种外来文化的影响，随着文化的传播，本土文化与外来文化的碰撞与融合，孕育了丰富多彩的多元文化，并反映到各地的乡村聚落中。[1]

云南腾冲和顺乡，位于云南腾冲县城西南 4 公里之处。四周环山，中有一小平原，海拔 1490～2019 米，面积约 16 平方公里。由十字路、水碓、张家坡等三村汇于小平原南的缓坡上相聚成一村落，称和顺乡。早在多年前已有商人到此进行贸易、商旅，从而打开了中国与缅甸、印度之间的通道。这里气候温和，花木茂盛，因有河水顺乡而过，故名“和（河）顺”。和顺先人于明代洪武年间，从四川巴县出发来到滇西戍边屯垦，也有是江南移民的推测。移民区域性结合是传承籍贯之地文化的重要条件，若加之血缘性结合于其中，则更显示传承文化的强大力量。因此，一方面，和顺乡处处显露出大别于当地土著的文化形态，并在中缅边境茫茫山林之地形成一块汉文化“飞地”，构成和周围截然不同的文化景观。一群远离故土的游子由戍边而转为农耕生活，虽地处边塞夷地，却崇尚耕读之本。不仅拥有藏书万余册，创办于 1928 年的全国最大农村图书馆，也是著名哲学家艾思奇的故居所在。虽然和顺乡居民以军事形式集体屯垦于边境，却不掣肘于周围环境的组织体系，从聚落营建上体现出鲜明的汉文化特色。[2] 另一方面，在历经数代人发展后，随着边境贸易的开拓与发展，和顺人同样也接受了外来文化。在历经与本土文化碰撞糅合后，形成了特有的边地文化。例如民居建造时糅合了外来的文化元素，如在门楣上雕有伊斯兰火焰等图案。在窗、栏杆、梁上的装饰除传统图案外，也有受外来文化影响的变体铸铁雕花、百叶等形式。历经数百年的发展，在遵循“原型”的前提下，结合当地的现实条件以及与外来文化结合产生的变体，和顺传统聚落建筑形态对传统文脉呈现出一种创造性的适应。尽管这种变化是细微的、渐进的，却形成了土著文化、中原汉文化、外来文化以及多种宗教兼收并蓄的多层次的边地文化。这有别于中原地区自先秦时期逐渐形成的较为明晰的传统文化。最终形成了和顺充满人性、蕴涵温馨的传统人文环境氛围[3]（图 2-18～图 2-21）。

闽粤地区客家堡寨深受客家文化影响。客家是指古代时期从北方中原地区南迁后，聚族而居的汉人。历史上东晋、唐末、宋元和明清之际，都发生了大规模的北方汉人迁徙南方避乱，分布在今广东、江西、福建交界的山区。客家原是为区别当地土著相对而称，后来便称这部分南迁的汉人为客家。在客家人的姓氏族谱中，对本家族系祖源有详细记载。据所收集到的族谱资料反映，客家人源于汉族。客家人所承传的文化意识，是中国数千年存在着的以孔孟思想为核心的儒家

---

[1] 李昕泽，任军. 传统堡寨聚落形成演变的社会文化渊源——以晋陕、闽赣地区为例. 哈尔滨工业大学学报（社会科学版），2008（6）.

[2] 季富政. 大雅和顺——来自一个古典聚落的报告. 华中建筑，2000（2）.

[3] 童志勇，李晓丹. 传统边地聚落生态适应性研究及启示——解读云南和顺乡. 新建筑，2006（4）.

思想。客家人在对传统儒家文化思想承传和深化中，广泛地吸收异体文化意识并加以融会、变异，使客家文化在传统结构基础上发生新的变化。但儒家思想的“人文精神”经客家人艰苦的流徙生活的锻炼，反而得到强化，形成了客家人战胜困难、寻求生存的精神支柱。同时，在长期的历史发展进程中，客家社会由晋末至五代时期的孕育、宋代的形成、明末清初至民国初的高度发展，逐渐形成有别于汉民族其他民系的社会特征，即具有完整的宗族家长制度、强烈的国家观念和民族意识、独特的方言和风俗，以及值得称道的客家精神[1]（图 2-22、图 2-23）。

图 2-18　云南和顺乡（一）

图 2-19　云南和顺乡（二）

图 2-20　云南和顺乡（三）

图 2-21　云南和顺乡（四）

图 2-22　福建南靖裕昌楼（一）

图 2-23　福建南靖裕昌楼（二）

[1] 李昕泽，任军. 传统堡寨聚落形成演变的社会文化渊源——以晋陕、闽赣地区为例. 哈尔滨工业大学学报（社会科学版），2008（6）.

第六节　民族和宗教信仰

我国不仅幅员辽阔，而且又是一个多民族的国家。这些民族由于长期共处，通过经济和文化的交流，各民族之间存在着许多共同的文化和心理基因，所以统称为中华民族。但是由于各自所处的地理环境不同，在长期历史发展的过程中必然也会形成自己独特的生产、生活方式，风俗习惯和宗教信仰。这些不同的生活方式、风俗习惯和宗教信仰无疑也会对村镇的分布以及聚落形态的形成产生不同程度的影响，从而分别赋予它们以不同的特色。宗教是各历史时期人类精神生活的重要组成部分，对村落空间的形成有着重要影响。在许多全民信仰宗教的民族（如藏、回、维吾尔等族）的村寨中，宗教往往成为聚居的重要因素。例如藏民信奉藏传佛教，村落亦以寺庙为中心形成聚落；信仰南传佛教的云南傣族村寨也围绕佛寺而建；同样，信仰伊斯兰教的回族、维吾尔族的村寨亦多围绕清真寺（礼拜寺）而建。

一、佛教的影响

就宗教信仰而言，佛教自东汉时从印度传入中国后，其流传的地区最广，影响也最深远。对于汉地佛教来说，由于佛教的教义基于四世轮回和因果报应，并认为现世间的一切都不过是幻影，而只有世外的佛国净土才是真实的存在，它必然离现实生活较远，所以一些古刹名寺多藏之于深山而与尘世相隔绝，虔诚的教徒不辞艰辛、千里迢迢来这里朝圣。由于这样的原因，尽管佛教深入人心，对于人们心灵和精神生活影响很深，但是对于人们的物质生活环境——村镇聚落形态的影响却并不显著。除少数佛教圣地如安徽的九华山和浙江的普陀山由于佛寺林立而与当地居民生活息息相关外，一般的村镇多不设寺院。

同时，佛教的派别很多，对教义的解释和祭祀方式也不尽相同，所以也有少数民族地区把佛寺建于村内，以方便教徒们的赕佛活动。例如云南西南部的傣族和西藏的藏族村落。

云南傣族因为信奉佛教，村落入口处或村中心都建有佛寺。任何建筑不得高于佛寺，村落以佛寺为重心或焦点展开布局，有时成为道路的底景（图 2-24）。

藏族村落的布局与藏传佛教的宗教信仰密切相关。藏传佛教认为世界的图景是一个有中心且有正法的所在；世界的运行方式是因缘和轮回；世界的符号是坛城——圆。这些理念在聚落营造中多有体现。村落中宗教的物质内容表现为高处、上方，以及公共活动的理想场所；精神内容表现为中心和圆的关系，找到一个中心之后，生活轨道围绕它形成一个周而复始的圆形。因此，村落内部的中心是寺庙。这当然不是说每个自然村都有一个寺庙，但是邻近几个村子共有一个寺庙很常见。更常见的布局方式是，寺庙和它的附属建筑（塔、僧房、闭关处等）修建在最高处，民居分布其下，通常不能比它高。如果是平坝，则寺庙在最头上，民居不能修在它的后面。“廓”作为一个特殊的建筑，是要让不识字的人也被纳入宗教信仰体系之中，转动经筒就等于念了经文。其布局上的特征极具“中心”和“圆”的宗教含义。在寺庙里面或沿寺庙外面的围墙排列的经筒廊，可以称之为小廓；以寺庙为起点，绕行整个村庄的，可称之为中廓；绕行整个地区的，可称之为大廓。而中廓和大廓完全不必是实在的转经廊，它可能是一条绕村小道，甚至只是一种观念上的绕行道路。而沿一个中心——宗教建筑、器物、标识——绕行的这种行为本身就能带来功德❶（图 2-25）。

二、伊斯兰教的影响

除佛教外，伊斯兰教在我国流行的地区也很广阔，特别是宁夏、甘肃、青海及新疆一带，其影响尤深。与佛教不同，伊斯兰教的礼拜活动十分频繁，通过这种活动，除了向教徒宣传教义外，还可以培养教徒之间互助互爱的精神以增进团结。甘肃临夏回族自治州是回民聚居的地方，当地教徒每天要五次去清真寺进行礼拜活动，为满足这种要求，村镇聚落必须以清真寺为中心进行布局。例如临夏附近的祁家庄，这里的清真寺与回民日常生活密切相关，举凡宗教祭礼、文化教育、社交活动、婚丧嫁娶，以至宰牲等活动都在这里进行。从宗教活动看，清真寺是教徒们的精神中心；从日常生活看，它还是人们进行交往的公共活动中心。所以它对于村镇聚落来讲绝非可有可无，而是不可缺少的核心。某些大的聚落，仅有一个中心往往还不能满足频繁礼拜活动的要求，为此还可以按地域分别设东寺与西寺乃至更多的寺院❷(图 2-26)。

三、其他民族与宗教的影响

在云南布朗族、佤族等少数民族聚居的村寨，人们信奉“万物有灵”的原始宗教，认为村寨有寨心神，以保护全寨人畜平安，五谷丰登。入寨口有寨门神，

图 2-24　云南瑞丽喊沙村寺庙

图 2-25　藏族转经廊

---

❶ 张雪梅，陈昌文. 藏族传统聚落形态与藏传佛教的世界观. 宗教学研究，2007 (2).

❷ 彭一刚. 传统村镇聚落景观分析. 北京：中国建筑工业出版社，1994.

图 2-26　新疆伊斯兰教清真寺

用以驱挡邪恶。建寨时就以此为规划理念，首先确立寨心，然后竖寨门，定边界（竖木桩），立寨墙（牵草绳），再建住房。四个寨门相连，形成街道，住房成组成片地修建。在原始宗教驱使下，使村寨布局呈现主次分明、先后有序、分区明显的空间形态。

云南大理一带的白族，除崇奉本民族的英雄“本主”之外，对大榕树异常崇拜，视为生命和吉祥的象征，几乎每个村落都保护有大榕树，并以大榕树为主体，再配以本主庙、戏台和广场，形成村民活动的中心和共享空间，整个村落以大榕树为核心展开布局。大理周城的白族村镇就是以大榕树为节点形成村落空间的典型例子。❶

❶ 刘沛林. 论中国古代的村落规划思想. 自然科学史研究，1998（1）.

第三章

传统村镇聚落的选址与布局

传统村镇聚落选址和布局大多遵循“天人合一”的指导思想。“天人合一”的核心理念即天与人是和谐的整体，人和自然万物都是这个和谐大系统中的不同元素。因此，应当尊重自然万物，强调天道与人为的合一；强调自然与人类相同、相近和统一。因此，村落选址建设注重物质和精神上的双重需求。古人以崇尚自然、珍惜自然、合理利用自然的态度，择宜居之地，并高度重视和尊重基地自然生态环境的内在机理和自然规律。传统村镇聚落的选址，注重环境和资源容量，保持适度的聚居规模；节约不可再生的土地资源；结合生产生活条件、气候和地形地质条件、安全和水利因素等，以充分利用自然环境，营造适宜的聚居环境。

第一节　环境和资源容量

聚落是人类聚居生活的单元，因此以满足人们生存的基本条件为前提条件。环境容量是村镇聚落选址时应予以考虑的首要因素。所谓环境和资源容量就是在一个特定区域内环境可容许的扩张限度，起限定性作用的主要因素就是土地资源和水资源。

一、土地资源

村落选址的第一个考虑是要有足够的可耕地，使农业生产可以自给。我国古代先人们早已清醒地看到人口与土地的辩证关系，主张聚落规模应与土地和自然环境平衡。

在“九山半水半分田”的浙南地区，数量极为有限的河谷冲积平原、山间小盆地则成为乡民们争先聚居的理想之地。这种地貌土层肥沃，水源丰沛，交通便利，有利于农业生产，两侧的山坡又可以种植各种经济林木。所以，建于这两种地况之上的村落数量最多，历史也最长，其规模也最大。位于浙江泰顺新山漈头的库村就是处在山间小盆地上，是泰顺人文最发达的村落之一。

土地的丰饶与贫瘠程度，影响人口的密度，进而影响民居形制的选择。例如地广人稀的东北地区院落较大，华北地区则院落中等，江浙及华南地区，地少人稠，院落很小，同时多用二层或三层的楼居。

另外，人口的增加导致了人均耕田数量的减少，越至晚清越严重。元明以前每人平均耕地约为 10 亩以上，清初由于人口的减少，每人平均耕地达 20 亩以上，而乾隆初年降为 6.89 亩，乾隆末年为 3.56 亩，至光绪年间为 2.41 亩。[1] 既然人口与土地的矛盾如此尖锐，民居建造用地必须少占或不占耕地，因此在清代中期以后，村镇的民居布局有了极大的变化，大多民居都采用提高密度（晋东南、徽州、苏州民居），加长进深（闽东福安、闽粤的竹竿厝等），拼联建造（南方各地前店后宅房屋、浙江纤堂式房屋等）的建造方法，甚至发展为单间长进深的联排屋（闽粤的“竹竿厝”）的建造方法。更重要的是开发山地，将民居建造在不适于耕种的山坡地上。如出挑悬吊的各地吊脚楼，苗族的半边楼，瑶族的廊屋，藏族、羌族的碉房等（图 3-1）。

例如，云南腾冲和顺乡地处云南西南边陲，四面环山，环境优美，但美中不足的是，和顺人多地少。和顺人将有限的平地让给了农田，而民居建筑大都依河顺坡而建，背山面水，依等高线逐级行列布置，呈现出一幅极具韵律的立面构图（图 3-2）。

---

[1] 孙大章. 中国民居研究. 北京：中国建筑工业出版社，2004：588.

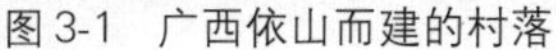

图 3-1　广西依山而建的村落

图 3-2　错落的和顺乡民居

山西碛口位于晋西黄河东岸，属黄土丘陵沟壑区，是吕梁山向黄河峡谷的延伸。碛口所在地区大多土地贫瘠。据民国《临县志》记载："山僻之区，业农为本，凡有可耕之地，随在营窑而居，以便耕凿以谋衣食……"。纵横的沟谷、起伏的梁峁多有缓坡，为了节约有限的平整土地，村落依山而建，散落在悬崖和沟坡上，层层叠叠，错落有致，从沟底一直漫上坡顶（图 3-3）。

二、水资源

无论从生活或农耕生产上来讲，"水"都是第一位因素。人类的居住和繁衍生息离不开河流沟谷，因为水源对于聚落群体的生存至关重要，可以说没有水就没有居住的可能性。

在人们的生活中一天也离不开水。农业耕作需要水，大旱之年，赤地千里，颗粒无收，最直接的受害者就是农村的广大农民。在村镇选址时，不仅要考虑合适的饮用水，还要有足够的生活用水和生产用水，许多村镇的分布和布局均与水系、水源有关。

北方、南方农村选址也有不同之处。北方干旱少雨，农作物为旱田作物，基本是靠天吃饭，因此村落选址除了需要有汲取饮用水的水井以外，并不一定需要靠近河流。南方天热雨多，多种水稻，水系发达，水网密布，河流沟谷多有河流冲击而成的土地，而且土壤肥沃，近水便利灌溉。择水而居，沿水而行，成为人们生存的一条基本准则。村落多选择河流小溪旁。即便是山区，也是挖塘蓄水，以备农作，所以南方村镇聚落亲水性较强。

徽州盆地中的歙县、黟县，地处黄山、天目山、率山等山脉之间，地形由半山区、丘陵和小平原相互交错而成。为用水方便，一般村落多位于溪流附近，出现许多与溪水有关的村落，如绩溪、屯溪、临溪、溪口等。西递村的命名也与水有关："村中有二水环绕，不之东而之西，故名西递。"皖南村镇多将溪流引进街巷、庭院之中，许多村落布局沿溪流走向展开（图 3-4）。

图 3-3　山西碛口镇李家山村

图 3-4　安徽西递村水系

第二节　生产生活条件

生产因素的影响是显而易见的，农、牧、商、渔、军性质的聚落因生产性质不同而对选址要求各不相同。农耕区有作业半径和土地肥瘠的限制，而牧区逐水草而居，因此无法形成居民点。比如在新疆巴里坤哈萨克自治县的哈萨克族牧民一般以三五家为一单元，搭建毡包，同移共驻，犹如一个流动的居民点（俗称“阿吾勒”）（图 3-5、图 3-6）。

一、农耕聚落

农业是封建社会的经济命脉，因此农业生产也在村镇聚落的发展中起到了决

图 3-5　新疆哈萨克族居民点（一）

图 3-6　新疆哈萨克族居民点（二）

定性的作用。以手工方式耕作的农民的居住地，只能选在耕田附近，形成规模不大的居民点。

农业的分散性决定了农村自然村的稀疏性与农民的散居性，这是传统农业社会最具有特点的聚落区位分布特点。农村居民点选址决定于当地的耕地面积、土地质量、水源丰歉、林木状况，以确保达到可耕、可居、可食的基本生产生活要求。

农村规模的大小完全取决于周围耕地的多少及质量。农村居民点分布的距离受耕作距离的限制，一般多在 10 里左右，或者更少，即步行时间在一小时以内，总的来说是比较分散的。[1] 由于古代人口稀少，耕地面积相对较多，所以耕作粗放，村庄比较稀少。据推测，封建社会中期的隋唐时代，农耕地区每平方公里居住的农户不超过 5～7 户（以垦殖指数 50％计算），这样，要几平方公里以至十几平方公里才能有一个村庄[2]（图 3-7）。

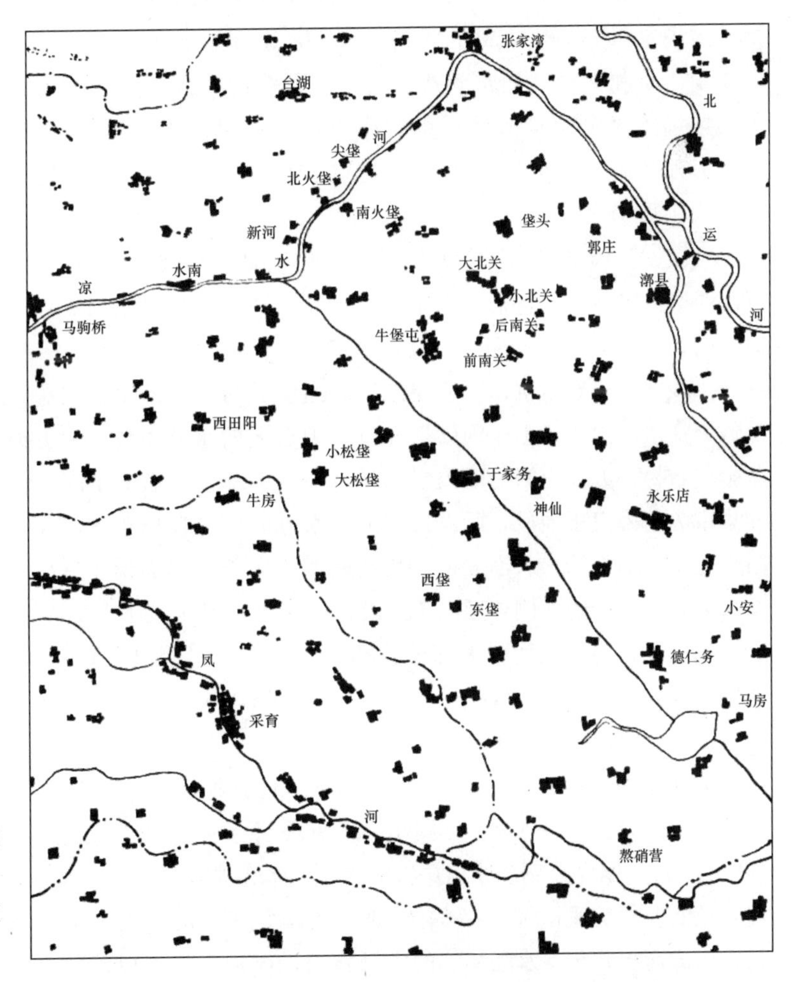

图 3-7　农耕聚落分布图

引自《北京郊区村落发展史》

❶ 孙大章. 中国民居研究. 北京：中国建筑工业出版社，2004：471.

❷ 金其铭. 农村聚落地理. 北京：科学出版社，1988：54.

由于处于自然经济状态，过着自给自足的生活，聚落与外界交往较少，所以交通条件的影响反而是次要的。

二、商业村镇

商业村镇大多依附交通条件而发展起来，如北方的驿路、运河，南方的水路等，但是一旦新的交通方式出现或由于战乱、改道而使原有的交通条件改变，这些村镇也会产生变化，甚至衰落。

由于交通、集贸而发展起来的商业村镇与农业村落不同。商业村镇一定要有冲要的交通条件。水陆交通方便是村落特别是集镇最初形成的重要条件之一，其布局一定被交通状况所左右，便利的交通条件往往可以把生产领域和消费流通领域紧密地联系在一起。水路运输一定要选好码头位置。道路附近往往有利于商业贸易和货物集散，使店面很快取得经济效益。沿交通线设置商业街、围绕水旱码头或集贸市场聚集居民，逐渐发展成集镇是很常见的。村镇布局要利于货物集散转运及商贾交易，需要有设摊售货的广场或街道，商业街或集贸市场的位置起着举足轻重的作用，南方多雨地区还要有檐廊或骑楼的设计。另外，码头、货站、仓场、商店、服务（餐馆、旅社、戏楼、马厮）等建筑成为主要类型。

安徽歙县渔梁镇是江南典型的由交通运输业形成的聚落，坐落在歙县城南、练江北岸。古代时，特别是南宋以后的明、清两代，这里为徽商首航之处。徽州地区的物资经由渔梁古码头出发，沿练江直下，进入新安江，一路经建德江、富春江、钱塘江可直达杭州、苏州地区。渔梁成为重要的水运码头。镇南练江上拦腰截断江水的滚水坝——渔梁坝亦是一项著名的水利工程。一方面拦水，保持县城水位，另一方面也为泊船码头的建设提供了基础。渔梁镇因为是以原先的码头和集市为基础发展而成，所以古镇沿江水方向呈狭长形布置，仅有一条沿练江走向长达千米的长街——渔梁街，长街两侧分布着很多商铺、货栈，也有不少民居及大宅，从主街的两侧伸延出鱼刺般的小巷通向练江，江边布置有10座码头。渔梁镇的民居为多姓杂居，大部分为码头工、船工、渔民、商家，仅有少量农民，地主官宦人家极少，宗族礼制影响也较弱。镇内民居建筑多为上下两层，前店后宅、下店上宅或前店中坊后宅（图3-8）。

浙江嘉兴乌镇是江南六大古镇之一，位于浙江省嘉兴桐乡市北部，是两省（浙江、江苏）、三府（嘉兴、湖州、苏州）、七县（嘉兴、嘉善、吴兴、乌江、吴县[1]、湖州、桐乡）交会处。它历史悠久，地处水陆之会，境内河流纵横，四通八达，是浙北的交通枢纽。古镇东、西、南、北四条沿河大街呈风车状“十”字交叉，构成河街并行、水陆相邻的古镇格局，体现出江南以水建市的特点。乌镇繁盛时分五栅，即东栅、西栅、南栅、北栅、中栅，实际上就是由十字河形成的十

---

[1] 吴县，2000年12月，撤消吴县市，改设苏州市吴中区和相城区。

字街，河侧为街。沿老街两侧分布有商铺和茶馆，大的铺子三、五、七开间，小店只有一个开间。沿河的只有一进，下店上宅；另一侧则是前店后宅，并有宅户四、五进的大府第（图 3-9、图 3-10）。

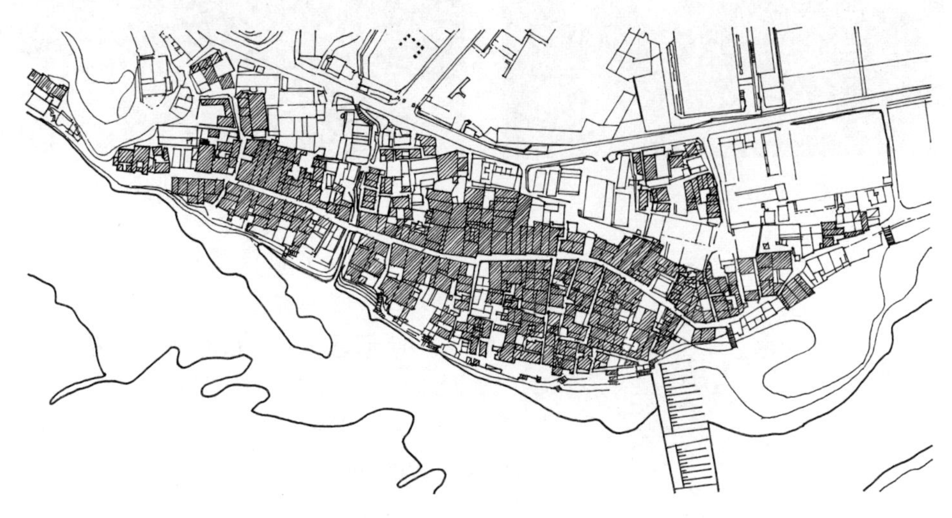

图 3-8　安徽歙县渔梁镇平面图

（摹自《中国民居研究》）

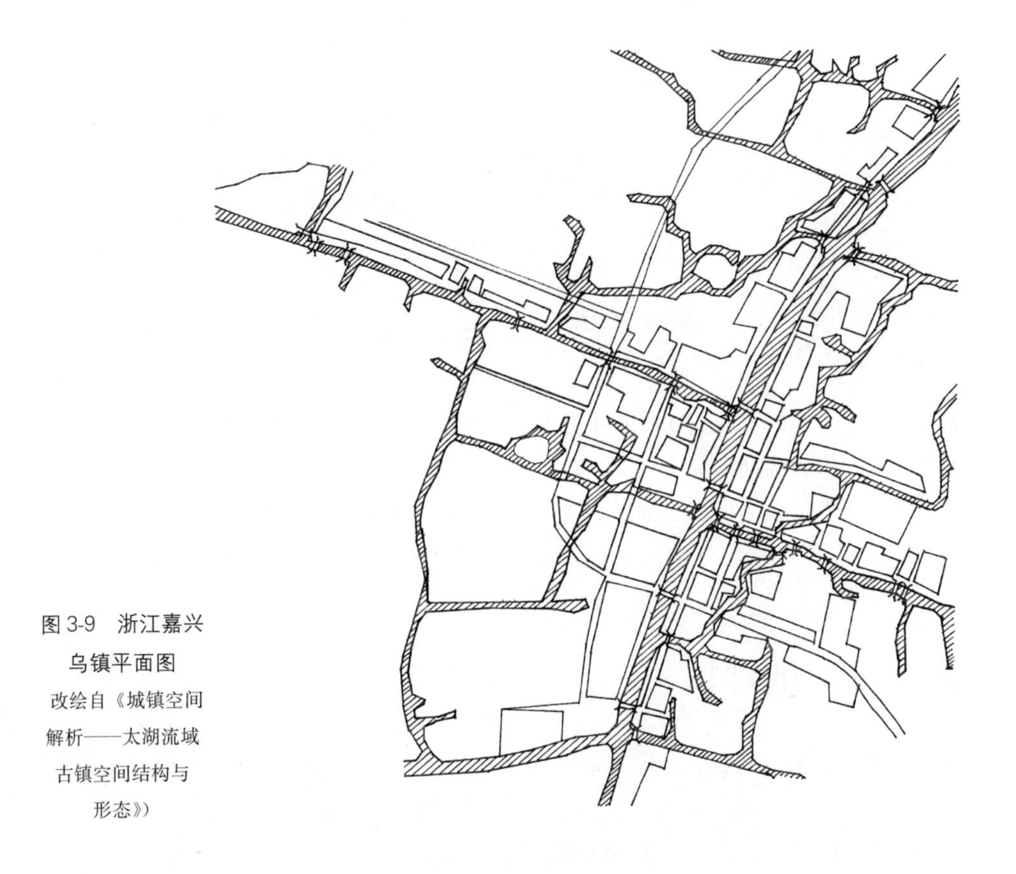

图 3-9　浙江嘉兴乌镇平面图

改绘自《城镇空间解析——太湖流域古镇空间结构与形态》）

图 3-10　浙江嘉兴乌镇

图 3-11　山西碛口镇现状

图 3-12　山西碛口镇平面示意图
（改绘自《碛口古镇聚落与民居形态初探》）

山西吕梁碛口镇地处黄河东岸。"黄河行船，谈碛色变"，而碛口所在的大同碛是黄河上较长的一处急流险滩，能在碛上行船的人几乎没有，所以碛口就成为古代黄河航行中船只必须靠岸转为陆路的装卸码头，碛口镇也因其特殊的地理条件成为水旱转运码头而繁荣起来。转运业的发展虽然有地理位置因素的影响，但是前提条件是商品生产和市场。清朝初期，大西北和内蒙古河套地区农牧业稳定发展，产品进入市场，促进了与内地的贸易。转运码头的发展，带来了商业的繁荣，不少商人利用碛口有限的地形修筑货栈、店铺，其鼎盛时期云集了 380 余家大小商号，城镇规模也迅速扩充。主街道长达五里，顺着卧虎山又修筑了十三条竖巷，连接着大小几百个店铺，形成了东市街、中市巷和西市街。东市街以零售业和服务业为主，西市街多货栈，经营仓储过载或者坐庄收购批发，中市街商铺则最为集中。整个碛口街道布局依山而建，因地就势，街连街、巷连巷。主街道多以窑洞前接瓦房或 2 层木板楼，不靠街的店铺多以窑洞式四合院为主。沿街门面经营，院内房间住人或作仓库（图 3-11、图 3-12）。[1]

第三节　地理因素

气候、地形、地貌、地质等地理因素是影响村镇布局的一个重要因素。传统

[1] 王金平，杜林霄．碛口古镇聚落与民居形态初探．太原理工大学学报，2007（2）．

村镇聚落在选址和布局上都注意“因地制宜”，以充分发挥自然潜力。强调顺应自然，因山就势，保土理水，因材施工，培植养气，珍惜土地、水脉等原则，保护自然生态格局与活力。村落布居常因借岗、谷、脊、坎、坡壁等坡地条件，巧用地势，分散布局，组织自由开放的空间形式：在山地，多依山构建高低错落的多层次的竖向空间，充分发挥自然通风、采光、日照、观景及高密度空间效益；在黄土高原，多利用黄土层具有的壁立性强的自然力，开挖洞穴，建窑洞式的空间形式；在平原，多采用内向型的集中式布局，以方便生活和节约土地；在滨水地带，顺水布局，营建灵活流畅，方便生产、生活的水乡环境。我国幅员辽阔，地貌复杂，各地区的地理、气候条件各异，因而同是顺应自然条件的村镇，水网地区与丘陵地区会有差别，炎热地区和寒冷地区的布局方式也会不同。不同地域环境的聚落，构建出了山水交会、情景交融的理想的居住环境，村镇景观呈现出丰富多彩的形式和风格。

一、气候因素

气候条件对传统村镇选址布局和民居形制的影响甚巨。村镇的选址、空间布局，民居平面及空间的布局，建筑材料的选择、构造做法的安排、技术手段的运用，都受到气候因素的影响。

气象条件主要包括风象、气温、降水和大小环境的湿度等。中国的版图辽阔，地形复杂，跨寒温带、温带、亚热带三个气候带，西北依欧亚大陆，东南濒临太平洋，形成季风明显、雨量充沛、冬旱夏雨的气候特点。另外，由于大陆性气候占主导因素，因此南北方冬季的温差甚大，而夏季的温差甚小，全国皆为炎热地区。基于同样原因，南北方气候特征差异较大。北方及西北地区干旱少雨，风沙大，村镇形态重在防风；而东南沿海地区雨多成灾，湿度大，村镇形态重在通风。

在东南沿海地区，夏季主导风向是东南风。由于全年平均气温高，居住面临的主要问题是防暑，防晒隔热和通风散热是主要技术手段。防晒的主要措施是减少前后两栋建筑的间距，让后面的房屋尽可能处在前面房屋的阴影之中。而且由于空气湿度大而梅雨季节长，通风与防晒更加重要。改善通风可以在散热的同时加速水分的蒸发，防止民居的木构件霉变和糟朽，保证良好的居住环境。因此在珠江三角洲一带，如佛山、顺德、新会、台山等县市，一般采用梳式布局，以适应广东炎热潮湿的气候条件。村镇巷道成纵列状，间有少量横向的联系通路，其道路系统成梳篦状。纵列通路称“巷”或“里”，间距为一列三间两廊式住宅或两列住宅宽度。民居排列密集而规整。家庙、祠堂等排列在最前方，村前有禾坪，作打谷、晒谷之用。坪前有池塘，用于蓄水、养鱼、灌溉、防洪等多种用途。每列建筑，少则四五家，多则十余家，长短不等。村后植树、栽竹、种篱，既可防风，又有经济价值。白天，由于村落主要巷道与夏季主导风向平行，村内民居可以接受经过村前池塘的凉风，因巷道窄小，形成冷巷风可改善局部小气候；夜间，民居屋面因日晒气流上升，四周田野和山林的低温气流可以补充进来，形成小气候的调整。这类布局形式对于台风频发的东南沿海地区的防风也发挥了作用。首先这种底层高密度的住宅对防风十分有利，同时，小开间的纵向多进排列，有集体抗风效果（图 3-13～图 3-16）。

西北地区气候条件恶劣，既有强烈的紫外线，又有漫长的干热干冷的风沙季节。新疆喀什旧城在布局时力图营造一个防风、遮阳和较恒温的人工环境。无论旧城边缘还是传统民居的沿街面都很少有开口，仅有的几条贯通全城的主要街道、次干道和居住单元里的尽端式小巷全都是曲折的，并且很少有十字路口，这种迷宫式的道路网络对加大风阻、减少街道风速无疑是十分有利的，这些都加强了城市在整体上的防风性能。至少有三分之一的住户建有自家的过街楼，或出挑很大的房间。居住区里的道路也至少有三分之一被这些过街楼覆盖着。走进这些街巷如同进入一个有连续天井的隧道，增强了街道的遮阳效果。在每户的民居里，一些较大的庭院也全被葡萄架遮满。密集的建筑和系统的遮阳处理可以适应当地的恶劣气候条件（图 3-17、图 3-18）。❶

图 3-13　广东开平梳状住宅屋顶

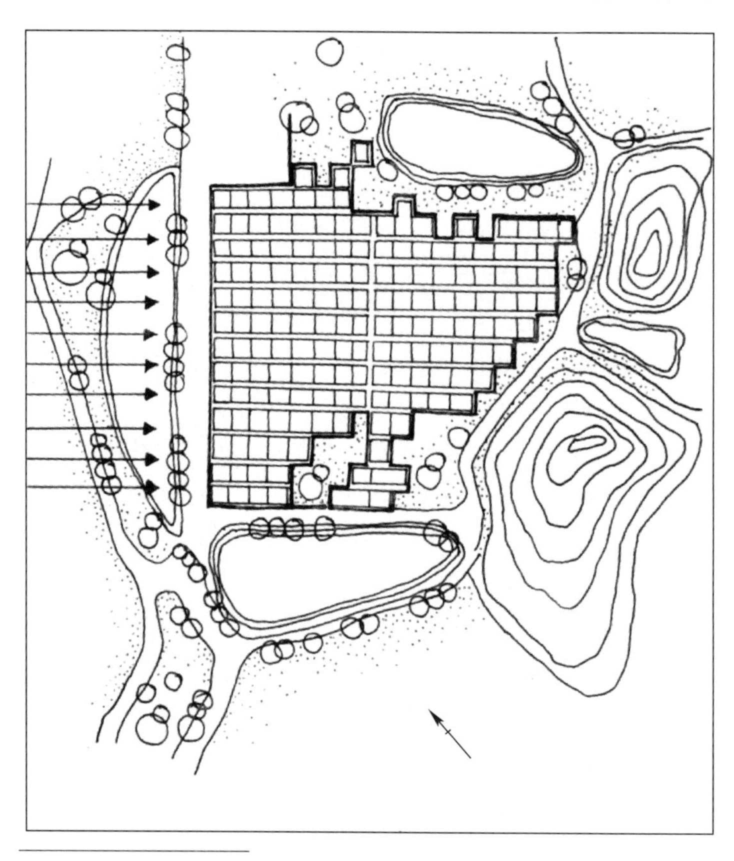

图 3-14　广东开平梳状住宅平面图（改绘自《中国民居研究》）

❶ 赵月，李京生. 喀什旧城密集形聚落——喀什传统维族民居，建筑学报，1993 (4).

图3-15 广东开平梳状住宅巷道（一）

图3-16 广东开平梳状住宅巷道（二）

图3-17 新疆喀什街道

因对朝阳和纳凉的需求不同，各地的村镇格局也不同。在冬季，为了取得阳光以补充室内温度，建筑朝向十分关键，特别在生产力低下、人工采暖不普遍的古代社会，利用好朝向，更多地吸纳阳光尤为重要。北方房屋的间距较大，就是为避免遮挡冬日阳光。从全国多数地区来看，建筑主立面朝南或南偏东者占绝大多数，这点不仅是因风俗习惯或风水堪舆形成的，也是由我国所处的地理位置和气候条件所决定的。东北、华北、西北这些冬季采暖地区的民居皆为南向。而在南方地区，由于冬季气温不是太低且地理纬度低，阴雨天气多，日照微弱，因此南方地区民居朝向各异，重在夏季的遮阳。

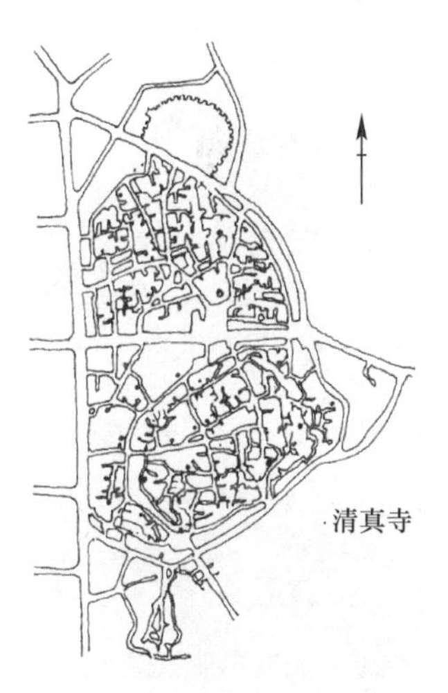

图3-18 新疆喀什城平面图

（引自《传统村镇实体环境设计》）

二、地形对村镇布局的影响

地形对村镇布局的影响尤为明显。华北、东北大平原，一马平川，为院落式规整布局创造了条件，多为纵横街巷式。因平原区可用车运、驮运、挑运，以车运为主，故村镇巷道宽敞平直。江南水网地区自然形成了水巷、路巷联运的布局，沿河村镇必然要适应河岸用地的宽窄条件。因兼有陆运与水运，故多设码头，将河浜与陆巷平行相连。山区村镇往往形成自由式、台地式的布置。因山区多为挑运或背篓运，巷道不尽窄小、曲折，甚至多为踏步。在南方山川纵横、地形复杂的地区，村镇布局多讲究风水学说，以求得佳美之地，并选定合宜的布局。

1. 平原地区——街巷式布局

在全国各地的平原地区，街巷式布局应用较为广泛，皆采用方格网布局。只要在地形允许的条件下，即使在某些地形起伏有变化的地区，采用分台和设置台阶的办法，将高差消除，也依然采用街巷式布置，如东北、华北平原地区等。这是由于中国地处温带，冬凉夏暖，盛行东南季风，这种布局有利于争取日照和通风。

街巷式布局的村镇用地方整规则，街巷纵横平直，且多以直角相交，街巷宽度不同，分工明确。南北大街为公共交通，巷道多为东西向，是进入民宅的通道，可以保证临巷各宅院皆有朝南的好朝向，在北方尤为明显。各地用地条件不同，具体形式稍有变化。例如北京、河北、山西、山东一带街道宽约10米左右，巷道宽约4～8米。而东北吉林地区地广人稀，用地宽裕，东西巷道皆极宽敞，达10米以上，中间为车行，边侧为人行，街巷不分，村落用地呈东西长的矩形。而南方村镇街巷则较为狭窄，宽2～4米，窄的巷道尚不足1米（图3-19～图3-23）。

山西襄汾县丁村地处汾河东岸的平原。从明代至清代由东北向西南方向发展，可以分为北、中、南三个院。各院有其组合特点，形成不同的建筑风格。北院区域低矮宽阔，疏密有序；中院区域建筑密集紧凑；南院区域空间起伏多变。住

图3-19　北京古北口镇街道

图3-20　山西张壁村街巷

图3-21　浙江诸葛村街巷

图3-22　浙江芙蓉村街巷

图3-23　广东开平自力村街巷

宅以四合院居多。村内的街巷较为规整，均采用“丁”字形布局（图 3-24、图 3-25）。

图 3-24　山西襄汾县丁村

2. 水乡——水巷、陆巷交错式布局

在江苏、浙江、华中等地的水网密集区，湖泊棋布，水道纵横，水系既是居民对外交通的主要航线，也是居民的生活必需品。水网地区的村镇聚落可说是“咫尺往来，皆需舟楫”的水上居民点。

村镇布局往往根据水系特点形成周围临水、引水进镇、围绕河汊布局等多种形式，主要是由村镇与水体的关系决定的。主要可分为四类，即沿河流或湖泊单侧发展的布局、沿河两侧发展的布局、沿河流交叉处发展的布局、围绕多条交织河流发展的布局。

水乡村镇一般都有一条（少数有两三条）贯穿村镇的主河道，一般成为市河，河道较宽，河上的桥也较高，便于大船往来，成为主干道。次河道相对较窄，被更多的居民利用，方便居民的用水、运输和交通。村镇内部街道与河流走向平行，形成“前朝街、后枕河”的居住区格局。主要交通工具为船只，舟行河港，穿桥过户，故多以“小桥、流水、人家”来概括水网村镇的艺术特色。

江苏昆山的周庄是水乡村镇的代表。周庄镇地处淀山湖、澄湖、白蚬江和南

图 3-25　山西襄汾县丁村总平面图
（引自《村落》）

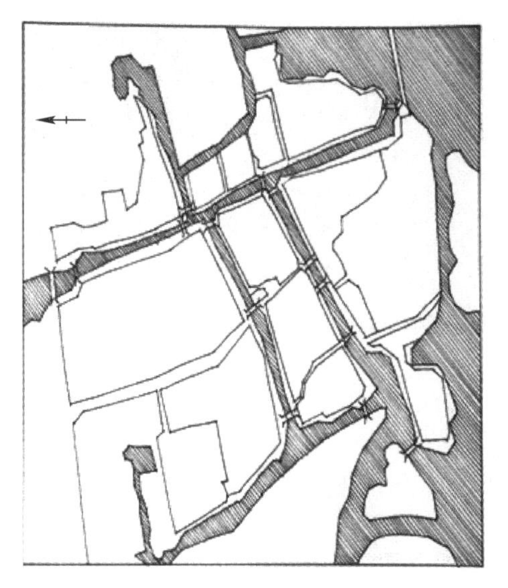

图 3-26 江苏昆山周庄总平面图
（改绘自《城镇空间解析-太湖流域古镇空间结构与形态》）

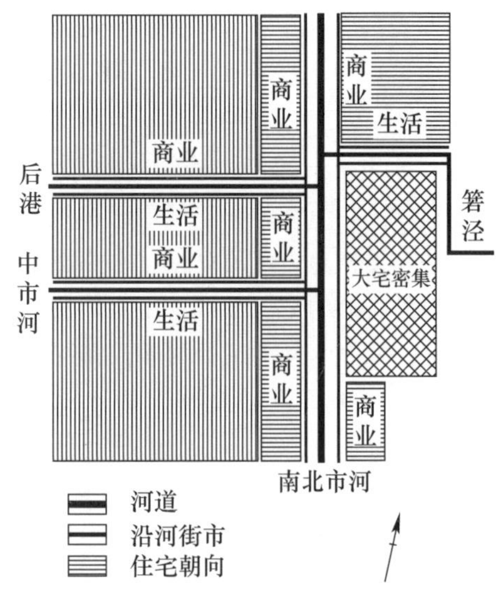

图 3-27 江苏昆山周庄街市示意
（改绘自《城镇空间解析-太湖流域古镇空间结构与形态》）

图 3-28 江苏昆山周庄水巷（一）
（引自《周庄风韵》）

图 3-29 江苏昆山周庄水巷（二）

湖的环抱中，“镇为泽国，四面环水”，主要以南北市河、中市河、后港三条河道为脉络，沿河两侧成街，形成八条街巷，主要商业街依河而建。古镇总体形态较为紧凑，街坊、街巷的组织结构清晰，形成“水陆平行，河街相临”的井字形格局。家家户户临街面水开门，舟陆两便，有的大户人家还临水设私用码头。跨河建有石桥 11 座，多建于明清时期，拱桥、板桥皆有，形式各异（图 3-26～图 3-29）。

江苏常熟李市村也是主要以水运为依托逐渐发展起来。流经村落内的主要河流有陈泾河、市河、三泾河和黄瓜浜。布局形态顺应河流十分自然地形成团形，村内部水、路、桥相互交融，建筑依河而筑并刻意亲水。水道和街巷作为基本骨架，起到组织人们日常生活和交通联系的脉络作用。水巷河道是古村水上交通的要道，同时也是居民日常浣洗、聚集、交流的公共场所。陆路街巷作为辅助系统，顺应河道布置，构成“主路—支路—小巷”的多级网络系统。水巷与街巷相互补充、相互联系，共同构成平行并列的舟行与步行两套交通系统。院子多为南北向，联结院落的巷道东西向较多，也有南北向。街坊依其布置内容及河街关系，有合院式住宅前后临河、临水型住宅，前街后河、面水型住宅隔街而河等类型。通常情况，街坊往往向纵向大进深发展，力争每户面宽较小，从而使更多的住户获得面街临河、水陆皆达的便利。这种街坊布局与古村地理环境以及“运输依靠河道，步行利用街道”的生活方式关系十分密切，显示出“亲水”的鲜明特性。[1]

3. 山区——自由式布局

山区村镇受到地形的限制，大多采用自由式布局。村落内部交通主要靠踏步，随形就势、曲折婉转，民居随地建造，方向不拘定向。清代人口剧增，农业用地不足，进而大规模开发山区农业用地，增建山区农村，尤其是雨量充沛的南方地区，这类山村更多。一般规模不大，多沿等高线分台建造，有的民居将台地包容在院落内部。湘西、四川、贵州、云南等地多山，比较有特色的西南少数民族地区的村寨多依山而建，充分利用地形高差，争取生活用地。沿地理等高线布置在山腰或山脚；在背山面水的条件下，村镇多以垂直于等高线的街道为骨架组织民居，形成高低错落、与自然山势协调的村镇景观。有些村镇虽然也是随地形变化布置，但多在上坡地缓地区，开辟出台地，选择合宜的朝向，如广西壮寨、湘黔苗寨等，因为地形的变化而创造出不少特殊的空间变化（图 3-30～图 3-33）。

图 3-30　重庆磁器口镇

图 3-31　广西壮寨

图 3-32　云南和顺乡

[1] 阳建强. 江南水乡古村的保护与发展——以常熟古村李市为例. 城市规划，2009，33（7）.

(*a*)

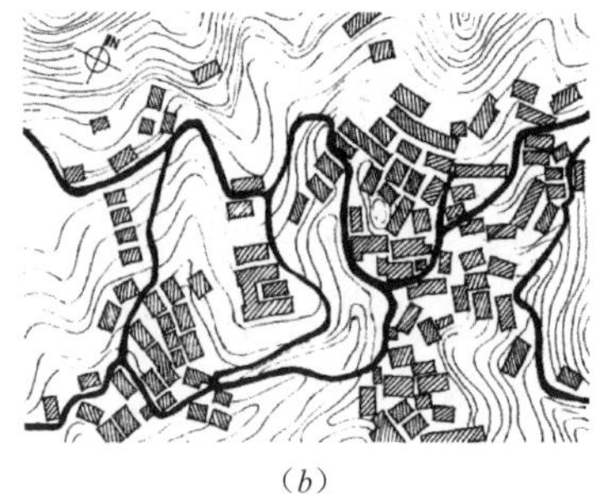

(*b*)

(*c*)

图 3-33 山地聚落布局平面图

（引自《广西民居》）

（*a*）树枝状；（*b*）交织状；（*c*）放射状

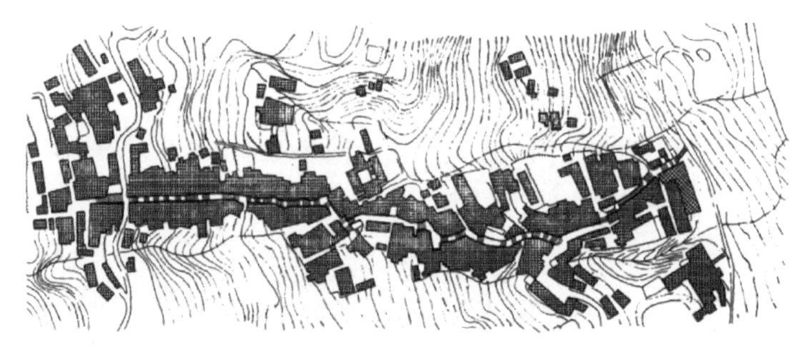

图 3-34 四川石柱县西沱镇平面图

（引自《中国民居研究》）

四川石柱县的西沱镇位于长江南岸，是黔江土家族地区唯一的长江港口，是一个繁盛的转运码头，为长江支流龙河上游广大山区土产山货的主要集散地，运往湖北恩施清江河的物资亦经由此路。但西沱镇沿江坡岸陡峭，只得垂直等高线层叠建房，沿阶梯而上。西沱镇千步之梯长达 2500 米，自江边至街顶高差达 160 米，其间有两个大平台和 80 余个小平台作为缓冲转折之处。大平台沟通左右横向小巷以疏散人流（图 3-34）。

北京爨底下村位于京西门头沟斋堂镇以西六公里的西山山区，地处灵山与百花山之间。是北京与怀柔、张家口之间的重要陆路联系通道，自古即设有驿道，来往商旅不断。该村为韩姓族人聚居，明代时由山西迁来，清康熙、乾隆时为该村极盛期。该村坐落在龙头山前峡谷北侧的缓坡上，依山而建，层层升高。村中有一条东西走向的蜿蜒小巷，一侧的高墙把山村分为上下两部分。民居院落分布在数层台地上，错落有致，整体为坐北朝南。因在山坡上建房，地势不平，村民先在坡前砌石墙，逐层垫渣土夯实。根据地势，石墙的高度也不等，最高的有 20 余米。因迁就地势，民居院落较小且不规整，甚至有台地院，厢房多为两间（图 3-35～图 3-38）。

山西省临县李家山村距碛口镇不远。李家山山坡陡峻，耕地稀少，依靠农业难以获得大的发展。李家山人利用临近碛口镇的特点，多以在碛口镇经商、从事手工业及拉骆驼、骡子等为主。村落选择在一处状似“凤凰”的沟壑纵横的黄土地形区，坐落在陡峭狭窄的山沟里，遵循自然，因就地势。住宅以窑洞式建筑为主，分布在两侧山坡上，依山体而建，从山底一直延续到山顶，一气呵成且灵活

图 3-35　北京爨底下村平面图
（引自《中国民居研究》）

图 3-36　北京爨底下村鸟瞰

图 3-37　北京爨底下村山地面貌

多变，形成了“立体村落”，体现了与地形的完美结合。一层的屋顶就是二层的院子，二层的屋顶就是三层的院子，使用面积上见缝插针，错落有致（图 3-39～图 3-42）。

图 3-38　北京爨底下村台地院落

三、地质因素——窑洞村落

窑洞是受到地质因素影响的典型代表，主要分布在我国甘肃、陕西、山西、河南四省沿黄河地区，河北、内蒙古、青海三省也有少量窑洞。黄土高原地区的生态基础较为脆弱，由于长期以来的人为活动、水土流失、气候变化和自然条件的逐渐恶化，地表逐步形成沟壑纵横、土地支离破碎的特有的黄土高原地貌

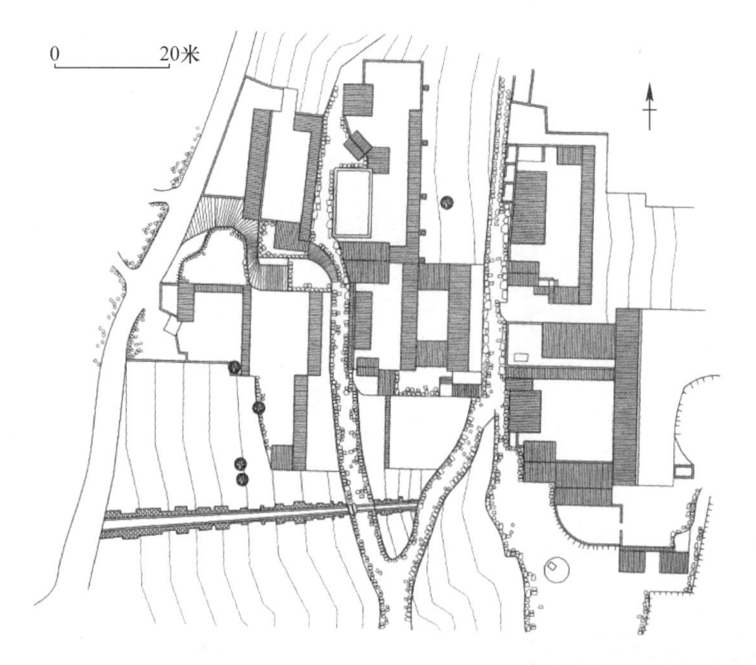

图 3-39　山西李家山村建筑群屋顶平面
（摹自《村落》）

图 3-40　山西李家山村台地村落

图 3-41　山西李家山村台地鸟瞰

图 3-42　山西李家山村台地窑洞

景观。黄土高原开阔的河沟阶地宽可达数千米，狭窄处陡壁直立，沟壑可伸延数十千米。黄土高原的地形、地貌及生态环境不仅限制了聚落的选址，还限定了当地的建筑材料和构造方法。这些地区基本为干旱和半干旱区，大部分地区的年降水量为 250～500 毫米。土地均为黄土或次生黄土所覆盖，而且厚度较大，一般有几米到几十米，经断层作用及流水切割，形成沟壑众多、梁峁层叠的地形地貌，遍布断崖冲沟。其土壤结构呈柱状节理或垂直节理，具有良好的渗水性、透气性及黏合性，抗压强度大，易于壁立、不易塌陷，土质疏松、易于挖掘。窑洞就是利用黄土的特性，因地制宜，在黄土高原的山脚下、山腰、冲沟两侧及黄土高原上开挖的居所。由于人口的不断增长，营建经验的不断积累和建筑技术的提高，窑洞逐步向四周扩展，发展为窑洞村镇（图 3-43）。

窑洞主要有靠崖窑（沿山窑洞）和平地窑（下沉式窑洞、地窨院）（图 3-44、图 3-45）。黄土冲沟方向及土层厚度决定着村落选址和布局。由于窑洞必须依靠黄土冲沟断崖或深厚的土层才能建造，所以这类聚落往往呈自由分散式布局。靠崖窑布局一般随山就势，沿自然冲沟形成带状村落，一些下沉式窑院村落则根据地质状况呈自由式排列，也有不少窑院结合地形地质情况形成混合式窑院（图 3-46～图 3-48）。

陕西省长武县十里铺村为古丝绸之路的北路所经。村落建在塬面大道形成的道沟里，东西长约 1500 米，深六米以上。大道沟壁为村民提供了挖窑而居的条件，也形成了村庄的带状布局（图 3-49、图 3-50）。

窑洞村落选址除了土层深厚以外，附近尚需有井泉或溪水，以利生产生活。窑洞位置的地下水位要低，土层要干燥，土质最好为卧土层。要选择朝向正南或东南、西南的沟崖，阴坡是极少建窑的。[1]

图 3-43　靠崖窑鸟瞰

图 3-44　靠崖窑

图 3-45　沟内靠崖窑

[1] 孙大章．中国民居研究．北京：中国建筑工业出版社，2004：498.

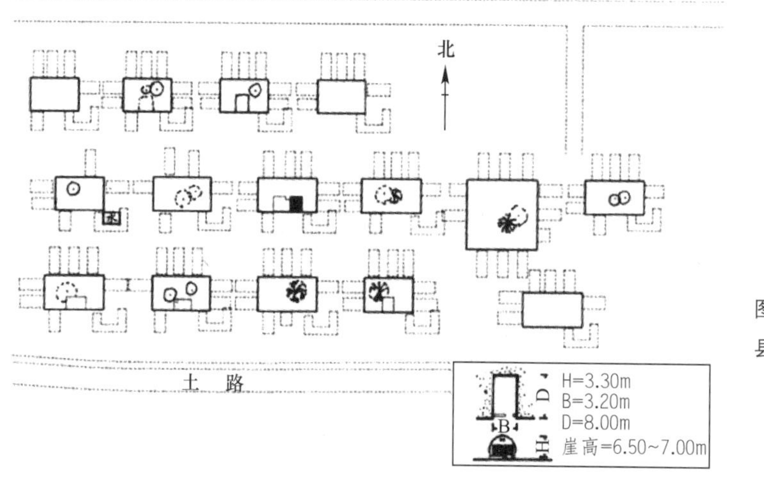

图 3-46 山西平陆县槐下村下沉式窑洞群总平面图
（引自《山西传统民居》）

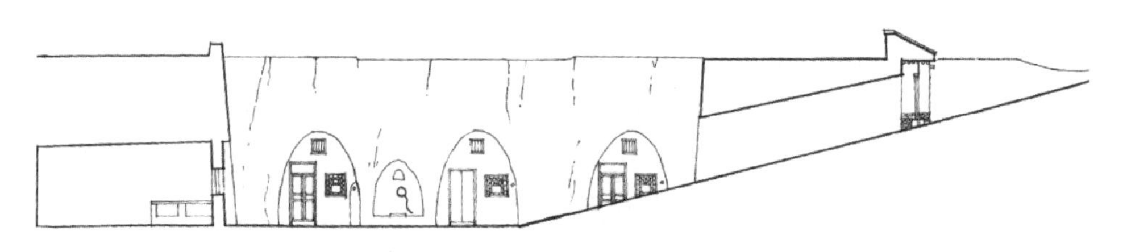

图 3-47 下沉式窑洞剖面图
（摹自《村落》）

图 3-48 陕西姜氏庄园混合式窑洞

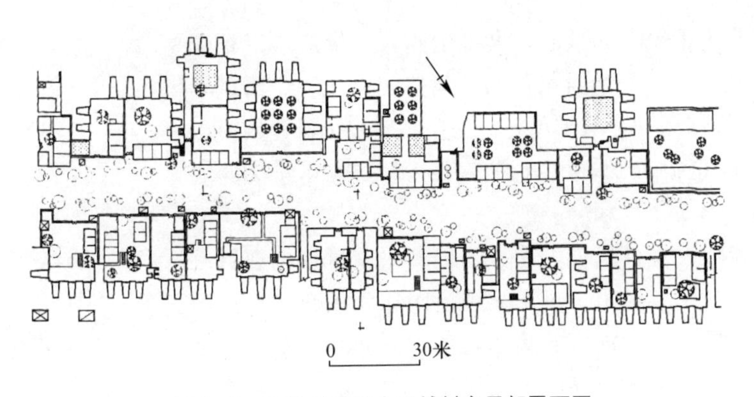

图 3-49　陕西长武县十里铺村窑局部平面图
（引自《中国村居》）

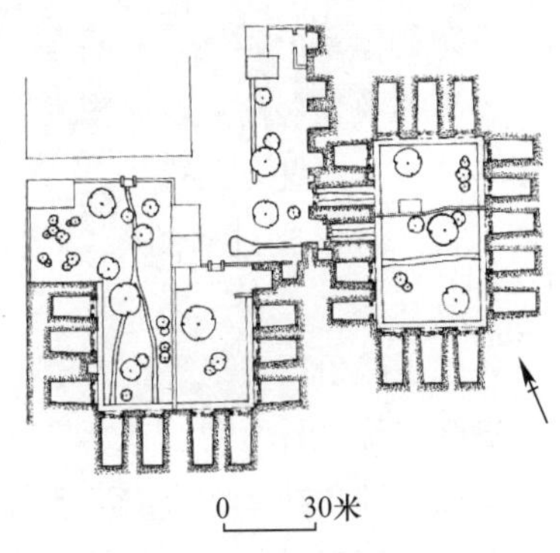

图 3-50　陕西长武县十里铺村窑洞两家窑院平面图
（摹自《村落》）

第四节　安全因素

传统村镇选址中的安全因素主要是指来自人为因素方面的，对防避野兽之害亦有所考虑。对居民来讲，安全防卫包括防盗贼与防战祸两方面，防盗贼是居民个体的事，防战祸是全村、全族居民的事，因此影响到整个村落的选址和布局。

一、传统村镇聚落的防卫性需求与选址

自我防卫是生物的本能，中国聚落布局的安全防御功能古已有之。从原始社会开始，人们为了躲避野兽的攻击和避免外部落的骚扰，保证自身的生存，便开始营造具有防御功能的聚落环境。半坡村、姜寨村等原始聚落周围都挖有大型壕沟，如姜寨遗址壕沟，其上部宽为 1.8～3.2 米，底部宽为 1.2～1.3 米，深为 2～2.4 米左右，沟壁较陡直，足以防卫猛兽的攻击和外部落的侵扰。[1] 防御意识作为一种心理积淀，长期影响着中国古代村落的空间布局。防卫性作为一项重要因素直接影响着聚落的选址与布局，无论是出于实质性的防御，还是精神性的心理安慰，都成为以集居为核心的传统村镇聚落固有的基本品质。

聚落“设防”的动机主要来源于历史环境中人为的不安定因素，变乱、械斗、盗贼以及国家特殊的政治军事目的等。

例如，山西传统村镇聚落的防御性强，与山西历来是全国性战略要地、为兵家必争之地关系密切。另外，山西许多地方都曾留有农民起义军的足迹，如明末李自成农民起义以山西为主要战场，当时大量堡寨的设防来自于对农民军的惧怕。而省域交界、边远山区政府权范松懈，每遇饥荒，土匪活动猖獗，那里的堡寨除了土匪的营地外，大多为防御匪患而建。如吕梁山区便大量分布着民间的设防聚落。正是由于山西省重要的战略地位和连绵不断的战争，明代初年朝廷在北疆设

[1] 刘沛林．论中国古代的村落规划思想．自然科学史研究，1998（1）．

军事防御体系的时候，大同是“九边重镇”的核心。大批山西人以供应边军粮饷和各种需要发展商业，殷富一些的村落，开始自己设防，建造防御工程，出现了很多“寨”、“堡”、“壁”。一个村落就是一个防御单元，深垒高墙，全村建城垣以谋求自保，形成村落的堡垒化，既抵御外敌，也抵御各种土寇流贼和起义的农民军。

除了战争因素以外，由于宗族的大规模迁徙，南方的很多宗族村落也都具有防御性措施。晋至明的千余年间，汉民族经历了三次大规模南迁和无数次小范围的境内迁徙，在南方形成许多单一形式构成的宗族聚居村落。例如浙江泰顺许多村落的始迁祖绝大部分都是为了避难而来的。新山滌头村始迁祖吴畦是避晚唐董昌之乱，司前镇川头洋村始迁祖徐相是避唐敬宗王永之乱，莒江下村始迁祖夏仁骏是避晚唐黄巢之乱，司前镇溪口村始迁祖陶乔是避权臣陷害，泗溪镇国岭村始迁祖王逭因金人入侵而从平阳迁来……❶

他们千里迢迢南迁到南方这片陌生的环境中，为的是避开战乱，寻求一方净土休养生息，重新建起家园。虽然不少宗族经长途迁徙可以偏安一处，但防御性给南迁的汉人族群打下了深深的烙印。既要躲避战乱，又要防止野兽袭击，还要对付尚武的土著骚扰，所以村落的防御性显得异常重要。

传统村镇聚落选址布局普遍考虑了防御功能。村落大多背山面水，山与水构成天然的屏障。一般都选择闭塞的山谷隘口，在易守难攻的地方修建村落，还在里巷入口处设置有巷门、寨门，在溪水处设置石汀步。（图 3-51、图 3-52）。一部分村寨则选址山丘之上，成为山寨，只有一条路可登山，周围因势构筑寨墙，山势陡险，防御效果非常好。就连“世外桃源”本身只有一个垭口与外界相通的情形，也隐含着一种安全防御的功能理念，这种防御意识是生活于动荡社会的民族的心理反应。

闽北南平市茂地乡宝珠村的地形环境和布局，也是出于一种安全防御上的考

图 3-51　石汀步

图 3-52　浙江楠溪江苍坡村寨门

❶ 刘杰. 库村. 石家庄：河北教育出版社，2003：81.

虑。该村坐落在海拔 1363 米高茫荡山中的一个小盆地里，村西头地形狭险，设有哨口，有小路通至山下。村内有溪水缓缓流过，房屋基本上建在小溪的西侧，坐西朝东，沿等高线布局，视野开阔，便于眺望。❶

浙江泰顺的库村三面被高山峻岭包围，只在南面有一开口，却又被一条溪水阻隔。要进入这个袋形谷地，只有架设桥梁，或者踏过长长的石汀步才能进到村里，增加了村落的防御性。

二、北方地区的整体防御性堡寨聚落

不同聚落所具有的防御性能程度不同，表现相异。相对于普通聚落，人为着意设防的聚落表现出鲜明而强烈的防御目的性，有着明确物化的防御设施与建构的外在表现，如堡墙高厚坚实，建有角楼、雉堞等战斗防守构筑，有宽而深的壕沟抵御入侵者的进犯，安全防卫机能较其他聚落呈强化之势，成为整体防御性聚落。

普通的村界围墙或栅栏篱笆只是划分领属范围，预防野兽侵扰或对惯常的偷盗行为起一定的阻挡限制作用。而防御性堡寨聚落则是满足人们对安全性的更高要求。设防往往发生于社会动荡、时局危乱之际。外围防御性构筑物除了具有普通的防护作用外，更重要的是能够抗御较为激烈、较大规模的武力冲突。

明清以来防御性堡寨有两种类型，一为聚族而居的村寨，为了安全，有计划地划分用地，统一规划，建造围堡。如福建客家土楼，赣南客家围子，山西灵石县静升镇恒贞堡，宁夏固原县❷三营乡延家堡、七营乡赵家堡等。另一种为多姓混居的村寨，原来没有城堡，因多次受战乱洗劫蹂躏，村民自发集资建堡自卫，这种围堡多因地制宜，形制多样，如山西阳城县砥洎城、郭裕村等。

从防御性堡寨组织形式上看，可分为独立成堡、多堡一村、数堡集合和堡中有堡几种。防御性堡寨的特点如下。

（1）因地制宜，据险而建。如果有地势之险可以利用，则因借山势形成天然屏障，堡寨聚落依靠险要的天然地势（深沟、高崖等）而获取场地防卫感，也成为其进行外围设防的基础性铺垫。堡墙的建设灵活，根据地形需要，有时四面围合，也有时于临崖壁、深涧等自然防御性良好的位置不设或只设矮墙，而在自然防御薄弱地带（如入口）建造高大坚固的堡墙。具有平坦基地环境的堡寨，由于地势无险可依，则以修建高大堡墙、坚固堡门、角楼、雉堞等手段加强防御；堡门数量较少，尤其是村寨分离型聚落的寨，多仅设一到两门，这不仅更有利于安全，也常与较小的规模以及地势条件限制有关；当入口内外有地势高差，堡门的狭窄幽深的隧洞空间，较之通常平地处的平直相通的门道有着更强的防御效能。

（2）能攻能守，能战能居。作为避免社会动乱影响的安全据点，防御性堡寨聚落是个军事设施，能攻能守，自给自足，保持一定的自主性，可同时满足生产、

---

❶ 刘沛林．论中国古代的村落规划思想．自然科学史研究，1998（1）．

❷ 2001 年 7 月，国务院批准撤销固原地区和固原县，设立地级固原市和原州区。

生活、避难、守卫、战斗等诸多要求。防卫空间既是战时所需，也在日常生活中具有安全保卫作用。另外，又具备完善的生活设施，能储备一定量的生活物资，能满足居住建筑的功能要求。

(3) 遵从传统聚落基本布局方式。如果地势平坦，大多采用严整规则的建筑组合方式，道路结构清晰，主次分明。重视祠庙建设，特别是“关帝庙”等武庙成为村落不可或缺的建筑组成。庙宇大多建于堡门附近以及主街的尽端等风水与防御的薄弱地带，施行求安心理层面的强化防御。

可见，防御性堡寨聚落防御性格的塑造既注重物质性防卫，也顾及精神性软防卫的双重需求。拥有坚固堡墙、险要地势以及系统的防御设施是其物质性防卫的具体体现；重视祠庙建设等民俗观念与信仰，为人们提供了安居心理的寄托，借以实现人们心灵空间的精神性防卫。此两种防卫机能相辅相成，协同发挥作用。

山西灵石县静升镇恒贞堡是一个典型的堡寨。自古以来，灵石县地处要塞，为兵家必争之地。当时，商贾地主为保护宅院的安全，一般都采用四合院组成的“堡”这种族居的形式。往往以高耸的堡墙求安全。王氏恒贞堡始建于清嘉庆年间，王氏祖先经商发迹后返回故里建造了此堡。恒贞堡建在黄土岗上，平面为长方形，坐北朝南，四周环绕砖砌堡墙。堡墙南端中央设堡门，一条正对堡门、由南向北逐渐升高的直街为村落主街。与此街交叉的是四条东西向的横巷，从而形成方正的平面格局。堡墙高 5 米多，气势雄伟，墙两侧清水包砌，内部为夯土墙体，既是一道防护墙，也是挡土墙。堡墙顶面较宽，有 1 米多宽的道路作为堡丁巡夜守更的通道，可见其防卫作用很强（图 3-53～图 3-57）。

图 3-53　山西灵石恒贞堡堡墙

图 3-54　山西灵石恒贞堡主街

图 3-55　山西灵石恒贞堡严谨布局

山西灵石张壁村，远在唐末即建有城堡，是一座为军事目的建造的居民点。该堡东西宽 400 米，南北长 300 米，周围有夯土筑堡墙，设南北两个堡门，北门砖筑，城门处有转折而向东，其外又增设瓮城。南门为石筑，门东侧有高台，上设可汗庙，估计原为军事望楼所在地。张壁古堡还有一条唐代修筑的地道，全长 3500 米，分为上中下 3 层，呈立体交叉状，地道内有窟窑、暗堡、马厩、排水口、水井、仓储、陷阱、通信孔等军事设施，形成明堡暗道的防御系统[1]（图 3-58～图 3-60）。

图 3-56　山西灵石恒贞堡堡墙顶通道

山西阳城郭峪村是一座避难自保的防御性堡寨，为抵御李自成农民军，在明末崇祯年间陆续建造。该村始建于唐代，有多姓聚居，历史上曾出过不少官员、进士、名人。崇祯八年（1635 年）始建堡墙，它的城墙和敌楼高大坚固，设计周密，防御性能极强。堡墙周长 1400 米，建敌楼 13 座，设东西北三个堡门，另在东南角开高低两个水门。该堡堡墙内侧用砖石修造了 609 眼窑洞。一方面节省了筑城土石，另

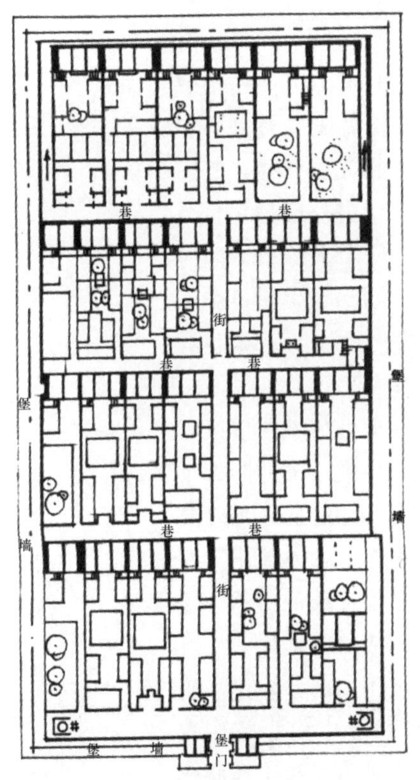

图 3-57　山西灵石恒贞堡平面图

（引自《山西传统民居》）

图 3-58　山西灵石张壁村平面图

（改绘自《中国民居研究》）

[1] 孙大章. 中国民居研究. 北京：中国建筑工业出版社，2004：504.

图 3-59　山西灵石张壁村入口

图 3-60　山西灵石张壁村街巷

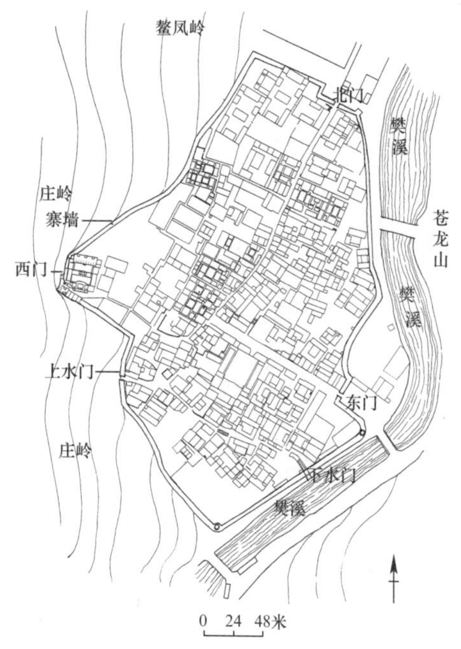

图 3-61　山西阳城郭峪村平面图

（引自《村落》）

一方面可住人屯兵，储存兵器，一举数得，因地被人称作“蜂窝城”。堡寨中心建造了一座 30 米高的 7 层砖楼，题额“豫楼”。登上楼顶，堡内外形势一目了然，根据战况敌情，可临阵指挥。同时楼墙坚厚，楼内战守器械、生活设施一应俱全，可谓“堡中之堡”，是郭峪村的第二道退守的防御措施[1]（图 3-61）。

陕西韩城党家村地处韩城西庄镇泌水河谷北岸，采用一村附一寨的防御组合形态。即在村落之外，选择地势险要之处另行营建避难堡寨。韩城地区东面紧临黄河，西北部则为连绵的山岳。这里历来是兵家争夺的战略要地，几乎所有的村落都建有避难用的寨，多建于明清时期。党家村属同姓族村，居住有党、贾两姓，党氏在元代即开始在此定居。由于清代韩城地区商业的发展，党家村走向繁荣。党家村选址于东西向黄土

[1] 孙大章. 中国民居研究. 北京：中国建筑工业出版社，2004：490.

冲沟的台地部分，既可免水患，又有避风面阳的地形优点。太平天国时期，为防御太平天国捻军的攻击，在村东北的黄土塬上建寨，称三十六家寨，作为战时避难之所，形成了村寨分离的聚落形态。基地略呈三角形，仅北面与塬平坦相接，其余两面为陡峭塬壁，具备良好的天然防御条件。基于此，北侧夯筑高大寨墙，而对于临崖处则削斩土壁，并辅修矮墙加强防御。南设寨门隧道连接下村。为与下村联系方便，寨中修南北巷道三条，而不设东西巷道。全村路网带有自发性质，基本呈东西走向，也有丁字巷和口袋巷。村与寨中多处分布家族祠堂，并建有文星阁与关帝庙等大量庙宇，寨门上亦有庙，诸多祠庙建筑共同构成传统堡寨村落的精神防卫系统（图 3-62、图 3-63）。

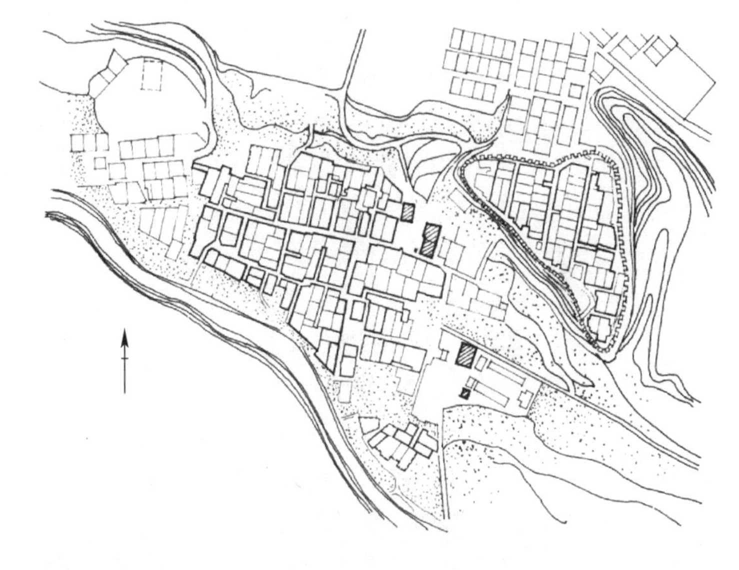

图 3-62 陕西韩城党家村平面图（引自《中国民居研究》）

图 3-63 陕西韩城党家村鸟瞰

三、整体防御性士绅堡寨庄院

主体防御意愿的迫切程度与其经济状况的好坏直接相关。山西历代经济繁荣，一直保持着旺盛的商业传统，清代晋商更是名扬海内、独领风骚，但是社会的不平静使得在外奔波的商人们时刻记挂着家乡的亲眷与财富，加之历史上地主官绅等富户常常成为劫掠的对象，因此他们不得不重视自家庄园宅院的防卫，为确保安全往往极其重视堡寨的修建，建设效仿城池的堡寨设防形式。其中不乏众多院落相互毗连组合为大型群落者，也具有了一定的聚落意义。这种对特定人群家族性居住域的封闭式设防，既不同于简单的院落组合，又多与通常意义的村落堡寨甚至单姓村堡有所区别，是较特殊的豪宅堡寨聚落，有着较普通设防村落更为紧凑的结构，形成整体防御性士绅堡寨宅院。

陕西米脂姜氏庄寨是其中的典型代表。姜氏庄园位于米脂县城东南 16 公里桥河岔乡刘家峁村，坐落在村北的牛家梁近山顶的凹窝处，是一组以窑居建筑为主，随山势巧妙设计的堡寨庄院。庄园是陕北最大的财主姜耀祖于清光绪年间投巨资历时十余年亲自监修的私宅。庄园占地 40 余亩，由下院、中院、上院和寨墙、井楼等部分组成。入寨道路从山麓盘旋而上，条石寨墙砌筑于西南侧地势较低的入口方向，其余方向以山崖为天然墙体依托，人工与天工相互配合共同构成聚落外围防御整体。寨墙东北端与山体接合处，设有井楼马面，作为扼守寨院的前哨。整个堡寨采用隧洞式上升的方法布置入口并联系不同高度的台地，以一定距离的窄道、陡坡与单一方向性的过渡，延缓并约束敌人的入侵行为。主体建筑是陕西地区最高等级的“明五暗四六厢窑”式窑洞院落。庄园各部分暗道相通，四周寨墙高耸，对内相互通联，对外严于防患。整个庄园由山脚至山顶分三部分组成，上院、中院、下院三处院落总体呈三级台地展开。第一层是下院，院前以块石砌垒高达 9.5 米的挡土墙，上部筑女儿墙，外观犹若城垣。道路从沟壑底部盘旋而上，路面宽 4 米，中间以石片竖插，一则作为车马通道，二则为雨雪天防滑及排泄洪水。沿第一层西南侧道路穿寨门过涵洞到达第二层，即中院。中院坐东北向西南，主要是账房和客人居住的场所。其建筑为三孔石窑，坐西北向东南，两厢各有三孔石窑。院西南耸立高约 8 米、长 10 余米的寨墙，将庄园围住，并留有通后山的门洞，正中建门楼。沿石级踏步到第三层上院，是整个建筑群的主宅，坐东北向西南，正面一排五孔石窑，两侧分置对称双院，东西两端分设拱形小门洞，西去厕所，东侧下书院。整个庄院后设寨城一道，中有寨门可通后山。墙高数十米，极为坚固。寨城右侧有镂空的瓦窗，可以远远看到进寨的人。中院与上院同轴相接，南北对正，主轴建筑的逐级抬升与严整相对，烘托出大家宅院的气派；下院随地形偏离主轴线，斜插于中院东侧，与主轴约呈 60°角；如此院台叠错，形成独特的立体景观（图 3-64～图 3-68）。

这类士绅堡寨庄院选择堡寨设防的形式，其目的在于获得物质与精神的双重安全：（1）堡寨的选址、营造均表现出审慎的设防意匠，利用地势之优的同时，

图 3-64 陕西姜耀祖庄园模型（全景）

图 3-65 陕西姜耀祖庄园模型（院落轴线）

图 3-66 陕西姜耀祖庄园鸟瞰

图 3-67 陕西姜耀祖庄园窑洞（一）

图 3-68 陕西姜耀祖庄园窑洞（二）

仍强调采用严整、规则的布局方式组织院落，以体现富家门第的威严。较大型者常常呈现众多院落的整齐毗连排布，具有较普通村落更为紧凑的结构。（2）以强大的经济实力为依托，城防严密，尤其是平原地带无险可依时，更注重人工防御构筑的坚固与完备；着意于对城池建筑的参借与模仿，又不乏民间智慧的创造性发挥。（3）通常建筑型制规格较高，长于细部雕琢，往往成为颇具防御思想的建筑精品。（4）堡寨建筑形象在展现防御系统的完备森严的同时，也成为富家地位、身份与财势的象征。[1]

四、东南地区的整体防御性围屋聚落

与群落形式的堡寨聚落不同，在我国东南地区存在有特殊类型的整体防御性聚落，即围式民居——“围堡屋村”（简称“围屋”）。从聚落形态上看，其建筑整体外闭内敞，内向性明显，建筑各部分连接紧凑，整体性强，外围建高大墙体，是介于村落与建筑之间的一种大型复合式的聚居模式，可称其为整体防御性围屋聚落。

---

[1] 王绚，侯鑫. 陕西传统堡寨聚落类型研究. 人文地理，2006（6）.

东南围屋主要是由闽粤赣交界的客家以及与之邻近并受其影响的一些非客家建造。其建筑带有较为强烈的客家文化特点，基本特征为家堡合一，中轴对称，布局紧凑。布局大体包括以下几种形式。

(1) 江西土围。主要集中在赣南地区。平面以方形为主，多用砖石材料。高二至四层，外墙高大坚实，一般不开窗，每层根据合理射击角度设枪眼炮口。沿外墙内侧建一圈楼房，四角（或对称两角）构筑朝外略凸出的方形碉楼角堡，以警戒和打击进入墙根或屋面上的敌人。❶

(2) 福建土楼。包括客家的和传自客家的不同时代、各种造型的夯土建筑。其中大型周圈式单体土楼（如方楼、圆楼）是具有外围线形设防特点的聚落形式，这也是最通常意义上的土楼，主要分布在与客家早期开发区腹地接壤的闽西、闽西南等地。土楼采取集合居住方式，环绕格局，多为三、四层夯土墙，生活起居用房沿周边紧密排布，外私内公、外闭内敞，坚固高耸的防御外墙，只开小窗采光通风❷（图 3-69、图 3-70）。

(3) 广东围垅。这是广东等地客家的一种特殊类型集居建筑，主要分布在粤东北梅州地区。当地社会状况较之赣南、闽西相对安宁，所以围垅相对土楼和土围防御功能有所削弱。围垅多建于山坡地，外墙厚达一米以上，土石筑成，不开窗户或只开小窗，但通常仅为单层建筑。建筑分前后两部分，前半部是堂屋与横屋的组合体，门前设半圆形池塘；后半部是半圆形围垅，多依山势而成斜坡状。❸

福建永安安贞堡位于永安市槐南乡垟头村。垟头村及其附近地区丘陵起伏，耕地缺乏。为了保护耕地，住宅大多建在丘陵脚下的高地上，且零星分散，不成聚落。因为环境多动乱，大多具有很强的防御性。外墙高大，封闭厚实。安贞堡独处盆地一角，规模宏大，坚固安全。平面前方后圆，呈中轴对称布局。面宽 88 米，进深 90 米，占地约 7500 平方米。左右两侧设护厝与入口，周边矮墙环护，

图 3-69 福建土楼（一）

图 3-70 福建土楼（二）

❶ 王绚，侯鑫. 传统防御性聚落分类研究. 建筑师，2006 (4).

❷ 王绚，侯鑫. 传统防御性聚落分类研究. 建筑师，2006 (4).

❸ 王绚，侯鑫. 传统防御性聚落分类研究. 建筑师，2006 (4).

围墙前边有半月池。安贞堡四周为厚实的石砌夯土墙。外墙底部厚 4 米，高 9 米。下半段用大块卵石垒砌，中间夯以胶土砂石，自下而上向内倾斜收分。上半段夯土墙体厚 0.8 米，共设 96 个瞭望窗洞及 198 个射击孔，具有良好的稳定性和防御性。二层墙体内侧有一条 2 米余宽的防卫走廊贯穿全宅[1]（图 3-71）。

围堡屋村与堡寨聚落之间的相同之处在于都具有排斥外部破坏力量的强大的边界。不同点是堡寨聚落的堡墙性质较为单一，通常与内部房屋分离，为单纯的防御工事；而围屋建筑之防御性外围墙体则兼具聚落堡墙与房屋外墙的双重功能，“住”与“防”结合一体。通常意义的堡寨聚（村）落是由若干独立住宅围绕而成的封闭外围式的自然聚（村）落；而围堡屋村则是一座住宅中居住几十或上百户人家的防御性大型居住体。前者有时多姓共居，后者是东南地区血缘聚居的典型模式，同姓大家族集居。单体式的围屋主要以外墙和大门作为防御屏障，而通常的堡寨聚落由于其结构组织的层次性，其防御机能也体现在从外到内的各个层次，

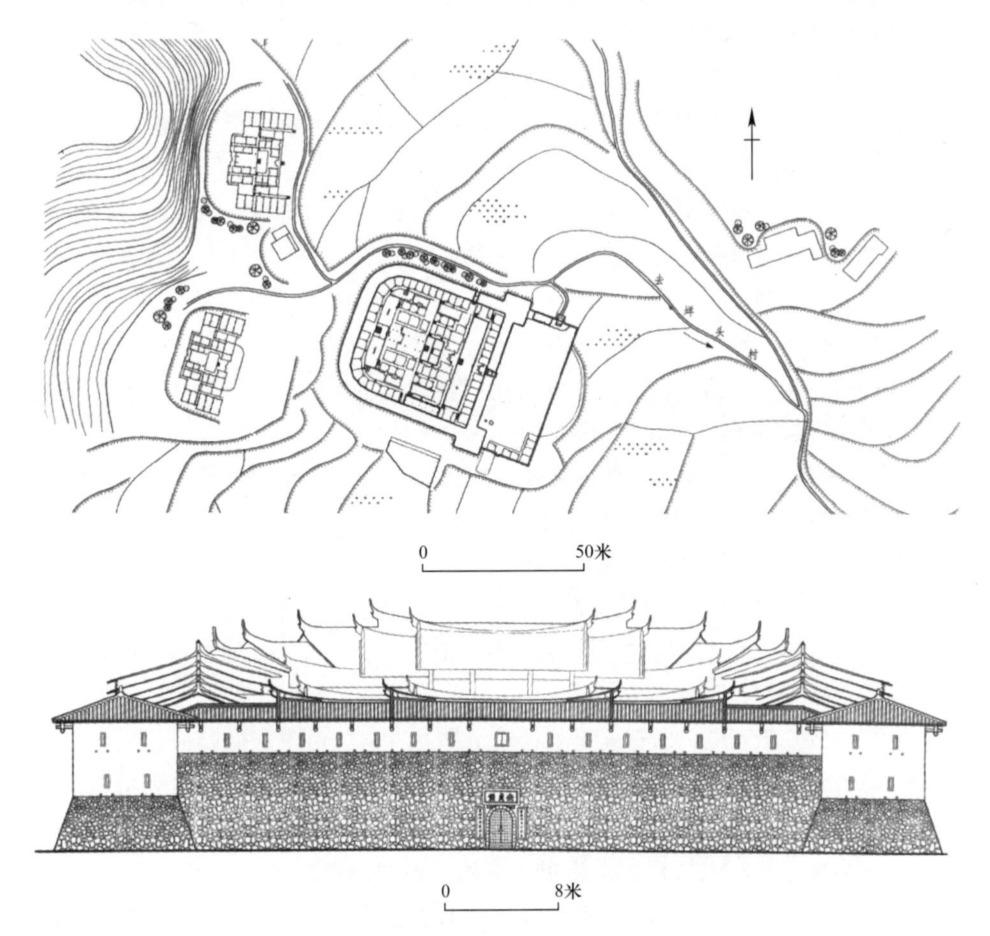

图 3-71　福建永安安贞堡平面图及立面图

（引自《村落》）

---

[1] 陆琦. 中国古民居之旅. 北京：中国建筑工业出版社，2005：156.

形成外围线性设防为主的层级防御体系图。[1]

五、侨乡特色的整体防御性聚落

碉楼是广东开平侨乡民居特有的建筑形式。在粤中地区，尤其是开平、台山、中山等地的侨乡，大多具有前塘（河）后碉的统一村落格局。碉楼始建于明末清初，主要用于防范水灾和匪患。开平南、北、西三面环山，中间就是潭江及其支流河水，在河水两岸的开阔平坦之处聚居着密集的人口。但由于地势低洼，在海水涨潮或暴风雨降临时，便会发生洪涝灾害，使人们不得安居。另外，开平地处新会、台山、恩平、新兴四个县之间，属四不管地区，社会秩序比较混乱。清代初年，更有盗贼匪寇横行。因此，人们为了自身的安全，便想方设法减轻一切灾难的伤害，特别是对于盗匪的防范。民国初期，军阀混战，社会动荡不安，盗匪再次横行。在外出做工致富者的资助下，兴建了大量的防御性高楼，形成具有侨乡特色的整体防御性聚落。

碉楼多为独立建造的单体建筑，视贫富一村一楼至多楼成群，选址灵活，或立于村口，或建于村外山冈、河畔、田间，绝大多数耸立在村后。碉楼建于村后，是出于方便防御转移、争取撤离时间的考虑。村口者俗称“门楼”或“闸楼”，多为二、三层。由全村成年男人昼夜轮班值勤，白天负责检查进出人员的身份，夜晚关上闸门，依时敲锣报更报警。村外者俗称“灯楼”，它是附近几个村落（或同姓或异姓）有了共同防卫的需要之后，才共同出资建造的。灯楼由参加联防的村出人出钱，轮流值班防卫，多配备探照灯、报警器、发电机、铜锣、响鼓和枪支，主要发挥预警与联防的作用，大部分都比门楼高，多为三、四层。最著名的是开平塘口镇的方氏灯楼（图 3-72、图 3-73）。

从功能看，有用作家族住所的居楼、村民共同集资兴建的众楼、主要用于打更放哨的更楼三大类。碉楼如果是全村或几家合建，一般只有单一的防御功能，而且楼体窄小，造型简单，开窗小或不开窗，只设射击孔，封闭感很强，将它称作“众人楼”。如果是一家自建，在防御的同时，更增加了居住的功能，所以这类碉楼叫作“居楼”。从建筑结构与材料上分，有石楼、三合土楼、砖楼、钢筋混凝土楼四种（图 3-74、图 3-75）。

碉楼一般三至五层，也有五至七层，最高达九层。由于形似碉堡，故称之为碉楼，有很强的防御作用。平面布局中，中间为通道和楼梯间，两旁为房间，房间比较狭小。底层作储物用，堆放水缸和禾草，并作厨房。二层住人，放粮食。三层以上为各户年轻人居住，作瞭望守卫用。碉楼顶层向四周悬挑，形成回廊。屋顶部分位于碉楼的最上部，向里微收，其形式多样，各有特色。如中国传统的硬山、悬山式，西方古典希腊式、罗马式、哥特式、拜占庭式、巴洛克式和洛可可式，伊斯兰式等（图 3-76～图 3-79）。

---

[1] 王绚，侯鑫. 传统防御性聚落分类研究. 建筑师，2006（4）.

图 3-72　广东开平庆临村南门楼

图 3-73　广东开平碉楼远眺

图 3-74　广东开平碉楼（一）

图 3-75　广东开平碉楼（二）

图 3-76　广东开平碉楼屋顶样式（一）

图 3-77　广东开平碉楼屋顶样式（二）

开平碉楼尽管在用材、风格上各有差异，但都有一个共同的特点，即门窗窄小，铁门钢窗，墙身厚实，墙体上设有枪眼。楼梯回廊的墙面和出挑的楼板都凿有内小外大的枪洞眼，可清楚地看到外面的动向，危急时可向各方射击。碉楼用坚硬的砖石砌筑，入口大门为铁木双层板门。有的碉楼在顶层四角建有突出楼体的“燕子窝”，从“燕子窝”的枪眼可以对碉楼四周形成全方位的控制。碉楼顶层

图 3-78 广东开平碉楼屋顶样式（三）

多设有瞭望台，配备枪械、铜钟、警报器、探照灯等防卫装置。五邑碉楼与其他地区的碉楼也存在很大的区别，它不仅发挥着防御的作用，更增加了居住的用途。正是大量集防卫与居住功能为一体的居楼的出现，改变了传统村落集体防御、家族保卫的模式，形成集体、家族防御与家庭防御相结合的多元模式（图 3-80～图 3-82）。

广东开平市塘口镇自力村东距开平市区 12 公里，坐落在潭江支流镇海水河谷丘陵平原。自然环境优美，水塘、荷塘散布其间，与民居和众多的碉楼相映成趣。全村现有农户 63 户、179 人，侨居海外 248 人，主要分布在美国、加拿大。全村共建有 9 座碉楼 6 座庐（即西式别墅），是开平碉楼较集中的村落之一。其中最精美的碉楼是铭石楼（1925 年）。该楼高六层，首层为厅房，二至四层为居室，第五层为祭祖场所和柱廊、四角悬挑塔楼，第六层平台正中有一中西合璧的六角形瞭望亭（图 3-83）。

六、村镇聚落的独立式防御性措施

除了整体防御性聚落采用系统防御，建设聚落整体的外围护结构抵御入侵，不少聚落还采用各种防御性措施。许多传统村落都将其中某些住宅局部高起，修建多层的望楼，俗称看家楼；或于村中一处或多处设置防御塔，采用多层的独立哨楼或炮楼，起到瞭望、放哨、避难甚至武力还击等作用。与堡墙的线性封闭式防御不同，这些塔式建筑成为聚落的防御中心，它们呈点状分布，及时了解外围状况，多角度抗击敌人。它们的存在更可起到对敌人心理的震慑作用，即便没有人在内，来犯者依然深感自己处于监控之中而慑于进犯，起到软硬防卫皆备的作用。

此类建筑往往成为兼具多种职能的复合体，在聚落中占有十分重要的地位。

图 3-79 广东开平碉楼屋顶样式（四）

图 3-80 广东开平碉楼防卫措施燕子窝（一）

图 3-81 广东开平碉楼防卫措施燕子窝（二）

图 3-82　广东开平碉楼防卫措施燕子窝（三）

图 3-83　广东开平自力村铭石楼

在危难来临时，防御作用自然为主导，但在日常生活中，其良好的定向作用使聚落形态具有可识别性，因而又作为视觉认知中心，更多地显示出其聚落标志或心理标志的身份。另外，由于某些防御塔的公共性空间属性，其本身连同常设于周围的空场以及其他一些公众建筑（如庙宇、戏台等）一起，成为日常的社交娱乐以及节庆活动的重要场所，扮演着聚落的文化中心、管理中心、信仰中心、生产生活交际中心等，使人们产生心理上的归属感与安全感，这与其直接的物质防御机能相结合，更加深化了聚落精神防卫的层次与意义。[1]

图 3-84　侗族鼓楼

在少数民族村寨中也有不少防御性措施。藏族和羌族皆采用碉房的民居形式，具有很好的防御功能，加之地处山地，增加了建筑的险峻性。

川西北地区的羌族多聚居在高山和半山台地上，并常于村外高地或村中建有高达数十米的碉楼，不仅作瞭望观察之用，往往又可作为敌犯入侵时寨人避难和防御之所。羌寨碉楼大多为片石加黄泥砌筑的石碉，也有夯土筑成的泥碉，有四角、六角、八角等多种平面形式。碉楼在村寨整体空间上产生一种壁垒森严的威慑力，其高耸入云的形象也成为羌寨的标志。

湘（南）、黔（东南）、桂（北）三省交界山区以及鄂西南的侗族村寨常自建鼓楼为标志性建筑。鼓楼在过去战事连绵之期，是击鼓报警、聚众抗敌的军事要地，平面为正方形、六边形、八边形不等。与其他几种标志性防御塔不同，鼓楼并非纯粹意义的防御建筑，不能作为战斗时抵抗与反击的壁垒，但在战争临近之时，可传达警报信息，击鼓聚众，同心御敌，亦有军事上的作用（图 3-84）。

---

[1] 王绚，侯鑫．传统防御性聚落分类研究．建筑师，2006（4）．

第五节　水利因素

水与人类生活密不可分。在传统村镇的选址和布局中，既要考虑到整个村落的饮用水问题，也要考虑到抗洪排涝，防止水害。

从母系氏族社会早期的居民点遗址中就可以看出，遗址多散布在阶地上，特别是河流交汇处，离河道远的则聚集在泉水旁。例如西安半坡的浐河及灞河流域，聚落遗址分布密集，人们都是选择河流两岸的阶地或河流交汇处地势较高的平坦地方来建设他们的居住聚落。这与利用河流灌溉农业和依靠天然水源以利生活的要求是密切相关的，也为后世开辟了临水建村的经验。

水源包括河湖水系及水井构筑。在东南各省河流纵横降水丰沛地区，村镇选址中水的作用不明显，但是在西部缺水地区则是选址的重要因素。在干旱少雨的南疆，水是绿洲和人畜生存的基本条件。水由渠系引入城内，储存在人工开挖的池塘（涝坝）中，以备人畜饮用。维吾尔族村寨都是围绕着涝坝建造的，居民区围着涝坝向外扩充，形成大小村落。涝坝的服务半径一般为 50～100 米，大涝坝的服务半径可达 200 米，在街坊和庭院内还有很多供家庭用的小涝坝。

在南方一些村落，对水的合理利用更为重要，水系在村落结构中起着至关重要的作用。风水典籍中即有“得水为上，藏风次之”之说。水不仅是人类生存的最基本要素，而且有心理和美学的作用，具有生态上的功能。水系在村落结构中起到饮用、排水排洪、调蓄、防火、军事防卫等多种功用。同时，沿河湖建房要选定适宜的地坪标高，以免洪水期淹没住屋。在村落的建设和发展中，为了更好地利用水资源，往往进行水系规划，除了利用村镇周围的河流、湖泊外，还将外部的水引入村内，设坝调节水位，使自然之水为我所用，并变成美化和活跃景观的主要因素。如安徽黟县宏村、屏山村，云南丽江，安徽歙县的西溪南村、许村、呈坎村等皆有这种引泉穿村的工程。因此传统村镇都对水源加倍保护，有用水约定，有水台、水亭的保护措施等（图 3-85～图 3-87）。

图 3-85　浙江岩头村水系

图 3-86　云南丽江临水街巷

图 3-87　浙江淳安芹川村水系

安徽黟县宏村是善于调整水系、为民所用的佳例。宏村位于黄山的西南麓，原是古代黟县赴京通商的必经之处。宏村是以汪氏家族为主聚居的村落，始建于南宋绍兴年间，距今已有800多年的历史。明永乐年间开始对村落的水系布局进行调整，引滩溪以凿圳绕村屋，引水至天然洼地以坚池塘。首先在汐河上游拦河筑坝截流入村，沿巷道开设人工水圳，引水入宅，每户都有石栅与水道相通。村落中央围绕泉眼挖成半月形的水塘——月塘，以供公共的生活和消防用水。各条水道均流入村南的南湖，返入汐河。穿过家家户户的人工水系形成独特的水街巷空间。溪水的利用不仅有利生活，也将自然风景引入了村落，月塘和南湖水面映衬着古朴的徽州古民居，在青山环抱中保持着勃勃生机，更显宏村独到的人居环境价值和景观价值（图3-88～图3-93）。

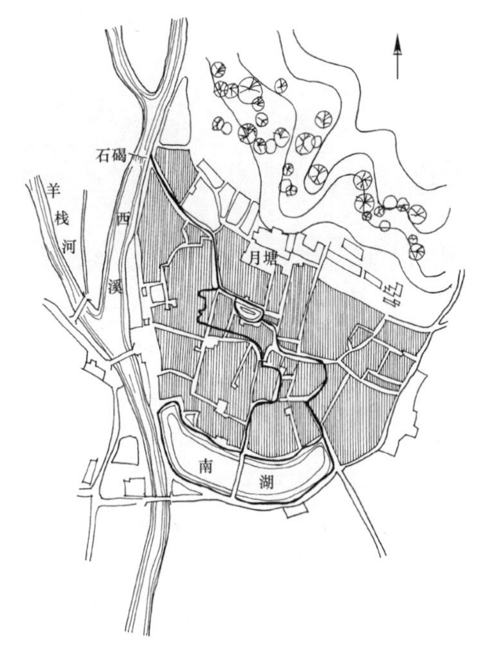

图3-88 安徽黟县宏村水系平面图

（摹自《中国民居研究》）

图3-89 安徽黟县宏村月塘（一）

图3-90 安徽黟县宏村月塘（二）

图3-91 安徽黟县宏村南湖（一）

图3-92 安徽黟县宏村南湖（二）

图 3-93　安徽黟县宏村南湖（三）

江西省乐安县流坑村位于乌江流域的盆地中，三面环江，选址在乌江西岸的高地中洲之上，能得乌江交通之利，而不受乌江泛滥侵蚀之害。流坑村为董氏的族居村落，大商人董燧对村落的水系进行了规划整治。一是将村西沼泽开挖疏浚成一个长条形的大湖，长约 600 米，宽处约 60 米，叫作龙湖。在西边小溪上游筑水闸，设闸门，将全村的天然雨水和生活用水从东向西引入龙湖中，大大提高了水质，改善了环境卫生。二是将村中密如蛛网的街巷加以规划整治，从东到西开辟七条宽巷，从南到北设置一条宽巷，“横七竖一”的布局与水道相一致。巷子宽约 2～2.5 米，一边有 30～40 厘米宽的水沟，雨水和污水都由沟流入龙湖，龙湖下游折向西北，与小溪重新会合后在水口处注入乌江。龙湖为集纳雨水和污水的场所，水质不适合饮用。全村饮用水由十几口水井供应。八条巷子大体上分别由当时的董氏八房聚居，各房的房祠在巷子里或西端。这个“七横一竖”的布局很像木排，所以人们把流坑村叫“活水排”（图 3-94）。

安徽歙县呈坎村的“渠”是主要水路，水源来自众川河。众川河自北龙山和上结山（长春山）间向南流，自南面的下结山（观音山）附近向西蜿蜒，进而向南流去。呈坎村对水系进行了改造，形成为生产、生活服务的水系系统。部分水系被导入村落，环绕居住地后又汇入主流，村民则利用这几条自然支流浇灌水田。村落内修了两条水渠——东渠和西渠，两条水渠自众川流经住居中央，作为主要水路，为村落提供生活用水。围绕两条水渠还开凿了多条水沟，“沟”穿过每家每户，起着疏水、排水的作用。水路的“渠”与“沟”同时连接着“街”与“巷”，串联起村落内部各空间要素。“渠”与村落内的两条主街呼应，后街的西渠是明

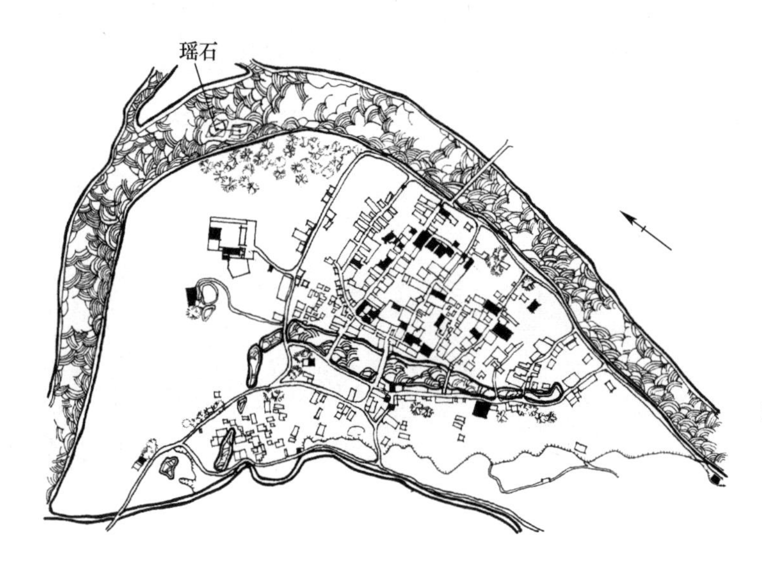

图 3-94　江西乐安县流坑村平面图

（摹自《中国民居研究》）

渠，前街的东渠以暗渠的形式穿过住居。街、巷不仅作为通行空间，而且还通过建造汲水场和洗涤场等设施成为丰富多彩的生活活动空间。水的利用有诸多文化层面的含义，沿河而建的水景观营造了“听水”、“观水”、“赏水”的文化氛围，成为亲水空间。“渠”自众川将生活用水引入村落内部，又将住居内的废水排入众川。徽州地区的降水量较多，雨水靠排水设施从“沟”里流入“渠”内，还作为饮用水与水井均匀分布。

第六节　风水观念

中国的传统村镇是在自给自足的小农经济基础上建立起来的，影响生产和生活的最基本元素就是水、地、山，以方便生产，同时还要能与周围的山水形势相协调。随着不断地发展与经验总结，人们构建村落时不但讲究实际的功用，也重视“吉利”的因素，堪舆风水师们的风水理论逐渐运用于村镇选址中。当然，科学的选址方法并非与风水家选择吉地的理论一致，然而，依风水理论择出的吉地则往往能满足聚居的各项要求，当然其中也包含着一些迷信成分。

一、风水观念对村落的影响

人类从一诞生便与环境打交道，环境的好坏往往对人的生活和行为产生积极或消极的影响。人们无法凭自身的力量对环境圈进行根本性的改变，唯一可行的就是对自然环境做出正确的选择。风水就是因此而产生的一门关于环境选择的学说。风水学说作为华夏民族一种潜在的文化背景，对传统村镇聚落选址与布局产生了深刻而普遍的影响。

“风水”语出晋人郭璞“气乘风则散，界水则止。古人聚之使不散，行之使有止，故谓之风水”。风水，古称堪舆、相宅、阴阳、地理、卜宅等。宅为人之本，人以宅为家。民间认为，居处风水事关家族兴亡，关乎子孙后代的发达，所以置地建房，总要尽可能地附和风水，祛除邪恶，彰显吉祥，认为占据了风水宝地，便会家族兴旺。

中国古人历来认为，天地气交，化生万物，人本是天地之子，因此，人的生存一刻也不能离开孕育他的自然环境，一切都要以与自然的相谐为最高标准。中国古代天人感应风水观对聚落形态有极大影响，如天地日月、春夏秋冬、天文星象、珍禽异兽等均在聚落布局和周围环境上有所体现，指引着道路、水流的方向，住屋的高度、形式和配置乃至住宅和坟墓的坐向制度。一旦人们找到能与自然和谐并能从自然中受益的“风水宝地”，便在此建宅立院，逐渐发展为村落乃至城镇。因此，民居聚落自古强调风水，强调环境与建筑的融合，山脉与水体的相映，追求藏风聚气，使人体与天地自然的节律同步。在风水中，气是运动的物质，有源有流，讲求流动与聚合，是重要的生命源。几千年来，中华民族凭借着直觉的发现、经验的积累，坐北朝南、背山面水被视为理想的居住环境。风水学说作为一种民间风俗文化，与其说是一种民间信仰，不如说是古人适应自然、追求与自然和谐相处的环境观的反映。

同时，风水也是团结宗族的有利因素。在一个农业社会里，宗族的团结是宗族生存发展的重要条件。而要造成宗族成员的认同归属之感，必须培养他们对土地的依赖和眷恋之情。风水就是适合这种需要的一种自然崇拜，一种万灵论的拜物教。风水术认为，自然地形、地貌和地物能决定生活在这地理环境里的人们的吉凶祸福。

按照风水学说，中国传统乡村聚落对选址十分讲究，主要表现在以下几个方面。(1) 卜居。卜居是指按风水的方法选择村基。(2) 形局。中国古代乡村聚落选址强调主山龙脉和形局完整。(3) 水龙。任何平原或少山地区，只要有水环绕村落并归流一处，就是该村的龙脉所在，也是该村生气的来源。(4) 水口。在风水中，水被视为“财源”的象征，因此，水口在村落的空间结构中有着极为重要的作用。(5) 构景。风水中同样注重村落选址之处的景观优美，认为好的村落环境应该是好气场的表现。(6) 风水补救措施。对于那些形局或格局上不太完备的村基，通常会采取一定的风水补救措施，这是村落获得良好风水的一条重要途径。❶

若以江西峦头派（即形势派）的理论为依据，则要求按“觅龙、察砂、观水、点穴”的方法对村落周围的自然环境及生态环境进行考察并定址。“龙”指地脉的行至起伏；“砂”，指主龙四周的小山。山脊的起伏轮廓就是地脉的外形，觅龙察砂时，先远观山势，看群峰的布局走向，再近观山形，看每座山峰的具体形态。因为山水可决定大的气流方向，亦即风水学中称之为具有“生气”之处所。另外，还要用望气、尝水、辨土石等检测手法，以求村落周围的自然山水及土壤植被皆为优良状态。这其实是用直观的办法来体会、了解环境面貌，寻找具有美感和良好生态环境的场所。

二、风水观中村落的理想模式

传统村镇聚落“背山面水，负阴抱阳”的选址习惯，就是传统风水学说关于聚落选址的基本原则之一。中国是一个季风气候盛行的国家，夏季盛行偏南风，温暖湿润；冬季盛行偏北风，寒冷干燥。加之处在北半球，阳光从南面照射而来，因此，村镇普遍采用坐北朝南、背山面水的形式，从根本上来讲，是人类适应环境、尊重自然规律，与自然保持和谐统一的结果。背山可以屏挡冬日北来寒潮，面水可以迎接夏日南来凉风，朝阳可以争取良好日照，近水则大大方便生产与生活。这种聚落的典型模式被认为可以“藏风聚气”，是有利于生态的最佳风水格局。

在村落选址之初，风水学说对居住环境做了种种理想化的布局要求，以满足族人对宗族繁盛、财源广进、文运兴旺的希冀。传统风水学说对于村落外部环境

---

❶ 刘沛林. 风水——中国人的环境观. 上海：上海三联书店，1995.

的要求是："枕山、环水、面屏"。简单地说，就是坐北朝南，背依山丘，前有对景，水流环抱。

背山，就是风水中所说的"龙脉"，它在吉地中占有重要的地位，是"气"的生成之源。吉地需背靠主龙脉升起的祖山、少祖山、主山，左右是左辅右弼的砂山——青龙、白虎。左右护砂和高大的主龙山起了很好的挡风作用。房基所在的地势忌高于周围的山，即"穴怕八面风吹"。根据风来的方向，把护砂分为上砂和下砂，宜上砂高大，其道理也在挡风。对于朝东的房屋则"只许青龙（左边的护山）高万丈，不许白虎（右面的护山）抬头望"，因为对于向东敞开的地形，"青龙"成了抵挡寒冷北风的屏障。此外，基于培护"龙脉"的目的，要进行人工栽植或保护天然生长的"风水林"。[1] 在龙脉之前有一块平旷的地坪，称之为"明堂"，这里就是村落拟建的基地。明堂之后山及其分出的支脉，向左右两侧延伸呈环抱的形势，从而把明堂包围在中央，由此就形成了一个以明堂为中心的内向的自然空间。从风水的观点看，这种因山势围合的空间便可以起到藏风纳气的作用。明堂之前则有河流或水面，这样便可使气行之而有止。风水中的"水"类似人的血脉，具有"荫地脉，养真气"，聚财富，出人才的功能，村落中不可缺少，因此，许多古村落除了讲究周围形局之外，特别强调水的作用。明堂正对着的远方亦需有山为屏障，这种山称之为朝山。朝，就是对的意思。由外部进入明堂——村落所在的地方，称水口。作为沟通内外交通的要道的水口其左右应有山峦夹峙，这种山称龟山和蛇山，具有守卫的象征意义。至于水口则忌宽而求窄，有"水口不通舟"之说（图 3-95）。

村落水体的形状与位置在风水术中亦占有重要位置，"水随山而行，山界水而止"。堪舆书《山龙语类》中说："反背水，形如反弓，一名反跳水。此水漏泄堂气，无情之水也。"相传为刘基所著的《堪舆漫兴》说："金城弯曲报吾身，如月

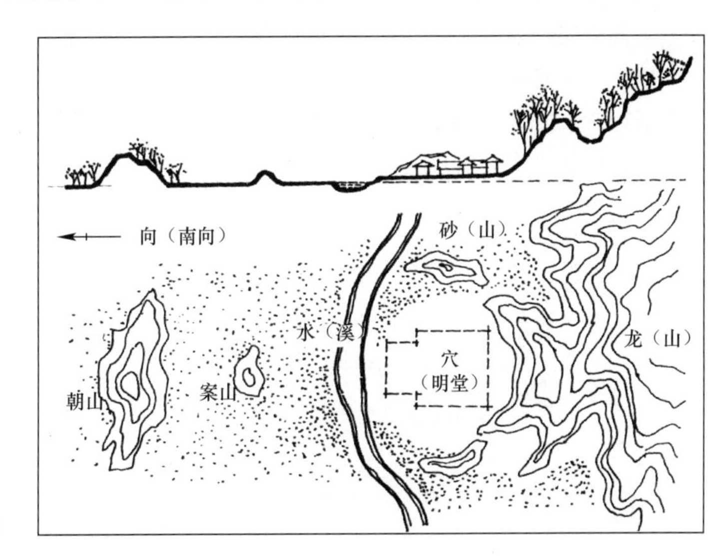

图 3-95　风水观下的典型村落示意
（引自《中国民居研究》）

---

[1] 周百灵．风水理论对荆门地区传统民居村落选址的影响．南方建筑，2004（1）

如弓产凤麟；若是反弓不揖家，石崇富豪亦须贫。”金城水也叫玉带水或腰带水。在《阳宅十书》中则说道：“门前若有玉带水，高官必定容易起；世人代代读书声，荣贤富贵耀门闾。”风水专著《水龙经》则将各种水形对住居或村落的影响还进行了概括归类。[1]“攻位于汭”是风水理论中村落（镇）选址的重要原则。“攻”是指建造；“位”是指房屋基址；“汭”，是指河流弯曲处的凸岸内，即河流环抱的河岸内部。“攻位于汭”意思是在河流环抱的河岸内建房，即“水抱边可寻地，水反边不可下”。河道里的河水有一定的速度，河水冲积河岸，使河岸上的泥沙脱离而随水流走，此过程称为河道侵蚀。河水夹杂的泥沙随水流被带出一定距离，如果河水的流速降低，泥沙就沉降到河底，这个过程称为河道堆积。被侵蚀的河岸不断向后退，而堆积的河岸不断生长，因此河道是在变动着的，实际上归纳下来只有两种状况，即“水抱边可寻地，水反边不可下”。村落大都选在沉积岸一侧而避开冲刷岸，也就是说设在水环抱的一边，即“玉带水”。随着水流的冲刷淤填作用，环抱的一边可以增地，而水环对面则被冲刷而减地，甚至冲毁。从现代科学的角度来看，村落坐落于沉积岸一侧，除了可以减弱洪水对地基的冲刷之外，“腰带水”还能够形成一个村落的自然边界，从而造成领域感。领域感会增强村落居民的内聚倾向，这对于血缘村落来说是很重要的，且自然边界也有利于减少与邻村之间的纠纷（图 3-96）。

三、水口的处理

自古以来，水从来都是与人们生死与共的神圣之物，风水学更把自然界的水加以神化，使水成了财源、吉祥的象征。对一家是如此，对一个村更是如此。在古代风水学中，十分注重一个村落水口的选择与经营。水口系指村落水流的入口处，称上水口，水流出村外的出口称下水口。对水口的布局，讲究“来源宜朝报有情，不宜直射关闭；去口宜关闭紧密，最怕直去无处”，处理好水口可以“藏风聚气”。

水既象征着财源，那么流入村中就不能轻易让它任意流去，为了留住这“财富”、这吉祥之源，于是出现了出水处的种种经营与处理办法。水口应曲闭，流速小，则村内的水流缓慢，便于利用，风水上讲可以“留财”。从地理形势讲，水口应是山冈转折处，或两山夹峙处，形成门户之景观。在实际应用上，为了强调重点，往往在水口处筑桥，有时还在桥上造亭，桥旁建堤、挖塘，使水流缓缓流出，通过桥、亭、堤、塘等在水口组成一道关锁把财源留住。在讲究一些的村中，更在这水口位置建寺庙，筑楼阁，造高塔，组成更为

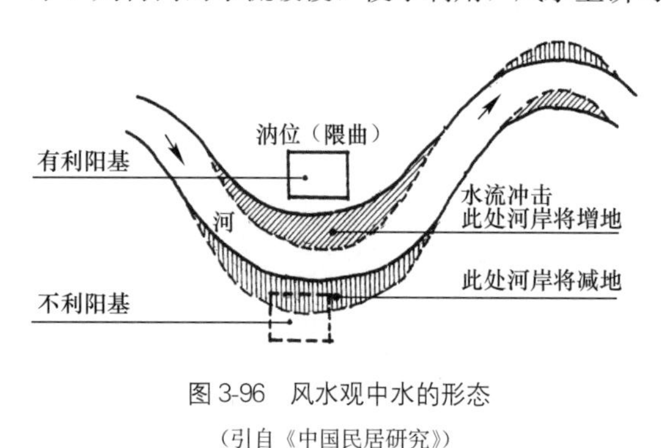

图 3-96　风水观中水的形态

（引自《中国民居研究》）

---

[1] 刘杰．库村．石家庄：河北教育出版社，2003：79.

牢固的关锁（图 3-97）。

人们认为，只要在水口、村头造桥、修庙、筑塔，用心经营，就能锁住财源，就能出人才、中科举、入仕途，全村大吉大利，这不仅是人们心理上的一种精神寄托和美好向往，而且在客观上对村落有实际的作用。首先，水口提供了一道天然的植物屏障，能减轻山水对村舍的影响并吸附尘沙，净化空气，涵养水源；其次，增加人们对居住环境的安全感和领域感，满足村民的防卫心理需要；再有，水口的建筑物不但丰富了村落的景观，而且还提供了人们休息和交往的场所。一座风水塔、一幢文昌阁往往成为一个村落的特有标志；一处有庙有桥的村口往往是村民爱去的场所，无形中成为一个村的公共交往中心。

图 3-97　浙江淳安芹川村村口桥廊

例如安徽歙县棠樾村的水口设在东南角，因为地势较为平坦，为了增加气势，在水口旁设置了七座土墩，墩上植树，名为七星墩，以为镇物（图 3-98）。后来因道路改道，村东的牌坊群形成以后，才由东面进村。

江西婺源豸峰村内桃溪穿村而过，水口建设颇有特色。上水口在进村前变宽，并人工开挖了两口水塘，植风水树。下水口的水形极佳，溪水出村东口后，便笔直向东南方的笔架山流去，但受山体阻挡后又像秤钩般弧形回转，在山麓形成了秤钩湾。水流在山形及地质条件的共同制约下仿佛又返流回村，风水上认为这保证着财气不会流散，村中代代都会出人才。村口还有维新桥作为最后一道关锁。水口两山峙卫，林木繁茂（图 3-99）。

四、风水观影响下的村落布局

完全符合风水理论的居住环境很少，人们大多按照风水理论，结合当地环境

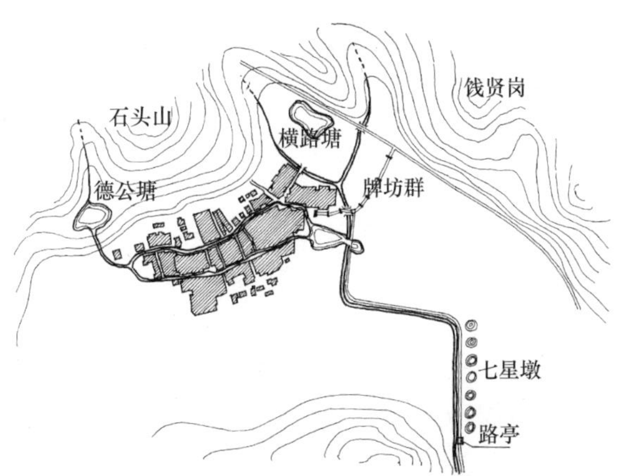

图 3-98　安徽歙县棠樾村水口平面图

（引自《中国民居研究》）

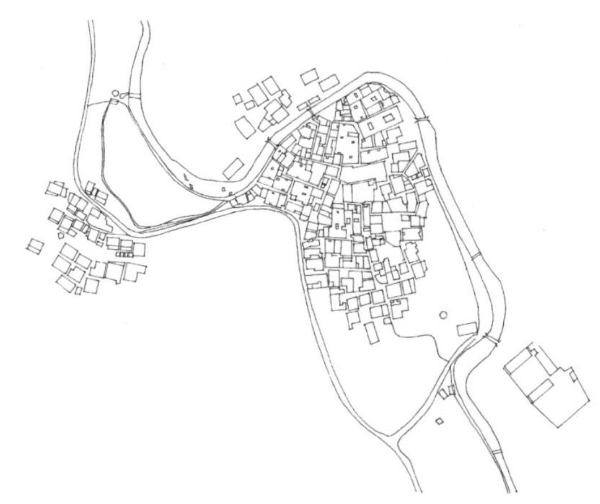

图 3-99　江西豸峰村平面图

（摹自《豸峰村》）

进行村落的布局营造。

浙江兰溪诸葛村为三国时蜀国名臣诸葛亮后代的聚居村落。元代中叶，诸葛氏第26代孙到高隆一带定居，靠药材生意发达起来的诸葛家族按传统习惯营建家园，按照先祖创造的九宫八卦阵格式规划建造村落，整体布局以村里的钟池为中心，房屋呈放射状分布，向外延伸的八条弄堂，将全村分为八块，从而形成了内八卦。

诸葛村坐落在一片低矮的丘陵上，四季分明，气候温和，雨量充沛。东、南两面的平原，有石岭溪灌溉，宜于农耕；西、北两面的丘陵则满覆森林，可以采薪，可以伐材。诸葛村的地形很符合形势宗堪舆家的理想模式。它西北高而东南低，背靠山峦而面对溪水，属“天地之势”，是一个由小山丘封闭围合的完整的小环境。大公堂正在村中央的“龙穴”上，背后有“少祖山”寺山和“镇山”（主山）“大柏树下”。它前面有“案山”桃源山（又称经堂山背），有十七八里外的“朝山”乌龙山。钟塘是它的“小明堂”。大公堂的朝向是南偏东四十度，它的纵轴线正好与少祖山、镇山和案山的连线重合，向西北远处不偏不倚正对外形整齐的天池山主峰。天池山是流经村东的高岭溪的发源地，以它为祖山。岘山是近祖山，寺山是岘山余脉。以大公堂为中心，左右各有两道“护砂”。除了各有一道为“蝉翼砂”外，“青龙”、“白虎”两砂脉络不断，向南偏东方向蜿蜒伸展一公里多。两者之间的谷地宽约70米，形成“中明堂”。在村子东南方的“龙虎相会”处，也就是“中水口”，筑堰拦蓄了一口大水塘，叫北漏塘，中水口之外，是广阔无垠的稻田，这就是“大明堂”。守在大明堂口上的第一个重要的村子是文风很盛、文运亨通的菰塘畈村。向南将近十公里之外游埠溪畔乌龙山下的龙山桥堰是“大水口”。诸葛村的房屋就分布在从丞相祠堂所在处的小水口往里两侧护砂的山坡上。谷地里的中明堂则保留为农田和水塘。村东的高岭溪异常曲折，风水上称为“九曲水”，主大富大贵。[1]

1 诸葛村　2 新桥头　3 肖家　4 上南塘
5 前宅　6 上水碓　7 下水碓
a 丞相祠堂　b 大公堂　c 隆丰禅院遗址
d 徐偃王庙遗址　e 关帝庙遗址

图3-100　浙江诸葛村平面图

（引自《诸葛村》）

据形势宗堪舆家的“喝形”说法，诸葛村的地形称为“葡萄形”，说明后世子孙繁衍如同葡萄，累累多食。也有的风水师把它比作“美女献花形”，村落形如展体仰卧的女子。大公堂在子宫的位置，丞相祠堂在阴户位置，这风水利于子孙繁衍（图3-100～图3-103）。

[1] 陈志华，李秋香，楼庆西．诸葛村．石家庄：河北教育出版社，2003：24-25.

图 3-101　浙江诸葛村风水示意图
（引自《诸葛村》）

图 3-102　浙江诸葛村水池

安徽歙县呈坎村为罗氏族居的村落，是被朱熹誉为“呈坎双贤里，江南第一村”的皖南徽州著名古村。呈坎村四面临山，夏季可避东南飓风，冬季可挡西北寒风，又利于避火防灾。主流河流众川河从龙山与长春山之间进入，呈坎就在四山夹一河的盆地当中，可耕可樵，交通便利。村落选址完全符合“枕山、环水、面屏”的古代风水理论。

图 3-103　浙江诸葛村景观

呈坎村依山傍河而建，坐西朝东，背靠大山，地势高爽，负阴抱阳。左有龙山、柿坑为辅，右有众川河、龙盘山为弼，山环水绕，三面环山，宛如太师椅状。大山左右也有长春山、下结山南北相峙，也是三面环山，呈太师椅状。两把太师椅东西相扣，使整个环境构成“左青龙、右白虎、前朱雀、后玄武”的态势。全村共有三街九十九巷，两条水圳引众川河水穿街走巷，不仅将生活用水直接输送到各户门前，还发挥着消防、排水、灌溉等功能。村南的长春社和村北的罗氏宗祠正好符合左祖右社的礼制布局。在村南水口处布置有古庙、牌坊、拱桥和古树等，体现了风水理念中对水口的重视。

地处皖南山区的宏村就是典型的以水为脉络进行村落布局的。宏村建于南宋绍熙元年（1190 年），当时为一紧靠雷岗山的小村，前有小溪流过，后来水系变迁西移，合为牛泉河。德佑年间村落有激剧扩展。明永乐年间（1403～1425 年），休宁县国师何可达被请来做全村的总体规划，他巧妙地“遍阅山川，详审脉络”，将牛泉河水由村西引人，造成九曲十弯，流至家家户户。以村中心一泉眼为基础，开挖成半圆形的月塘。至万历年间，感到仅有“内阳之水”（月塘）还不能使子孙逢凶化吉，于是又在村南开挖水面较大的南湖，作为“中阳之水”以避邪、聚财，使急躁之水通过南湖而变静。宏村按风水布局的水系决定了村落的发展和格局。风水对古代村落布局的影响也由此可见一斑。[1]

---

[1] 刘沛林．论中国古代的村落规划思想．自然科学史研究，1998（1）．

第七节　环境优美与诗画境界

村镇选址中对自然环境的要求还包含着人们对环境的追求和理想。古代乡民们生活在青山绿水之中，感受着大自然，对其也产生出一份亲切的感情，对四周的山川草木产生了精致的审美意识，这种情感，一直渗透到他们对山河的审视之中。中国的审美观是浪漫的、崇尚自然的。与自然相结合的思想创造了优美的文学传统，恬淡抒情的生活方式产生了另一种意境。在文学和绘画作品中，保留下许多对理想环境的描述。唐代孟浩然《过故人庄》诗中“绿树村边合，青山郭外斜”，就展示了一派村落环境。此外，历史上的许多绘画作品也都表现出聚落周围的环境特征：前临水面，周围有山林围合。这些绘画、文学作品中所描绘的环境形态尽管有一定的臆想成分，但它们必然是在实际原型的基础上加工而成的，是在更高层次上对环境选择的一种理论总结和概括。中国古代村落为传统耕读文化的产生与发展提供了现实的空间。文人们崇尚山林，常常陶醉于田园山水，把山水诗和山水画的意境引人村落营造，从而实现了村落与诗境、画境的统一。例如徽州地区古村落普遍修造的“水口园林”，多数受到“新安画派”的影响，擅长诗画的文人参与村落水口园林的创意和规划，更加提高了古村落的意境内涵。

在村镇选址布局中，人们为了追求佳美的景观效果，改善视觉环境，往往有计划地组织空间环境，通过组织景观创造意境，利用引申景观赋予含义。

一、组织景观创造意境

在村落营建中，多用借景、对景、组景等办法形成有思想内涵的景观，这也是传统村镇布局的特点之一。从风水堪舆角度，要求村镇的整体环境要有气势，讲求山势有奔腾起伏之势，两翼砂山“层层护持”，堂前带水环绕，对面朝山、案山“相对如揖”，自然环境即可表示出千乘之贵，万福之态。在村镇街巷的主要空间走廊多选择雄山佳构作为对景，以显空间的目标性。

浙江建德新叶村选择在道峰山之正南，玉华山之正东，以道峰山为朝山，以玉华山为祖山。全村总祠堂即位于两山朝向的直角交汇点上。祠堂前门直对道峰山，堂前巷路西望可直对玉华山峰巅，具有明确的对景关系。两山倒影皆可映在祠堂前的池塘中，以山比作笔，故称“文笔蘸墨”，利于本村文运。为此不惜将全村建筑朝向皆定为坐南朝北[1]（图 3-104）。

在较大的村镇中，乡土文士们对自然美改造增益，兴趣盎然地点缀山水，将本村的自然景观、人文景观、历史遗迹、民间传说等加以总结概括，形成“四景”、“八景”、“十景”之类的景点系列，诸如“王江晓月”、“壶山倒影”、“龙冈

[1] 孙大章. 中国民居研究. 北京：中国建筑工业出版社，2004：519

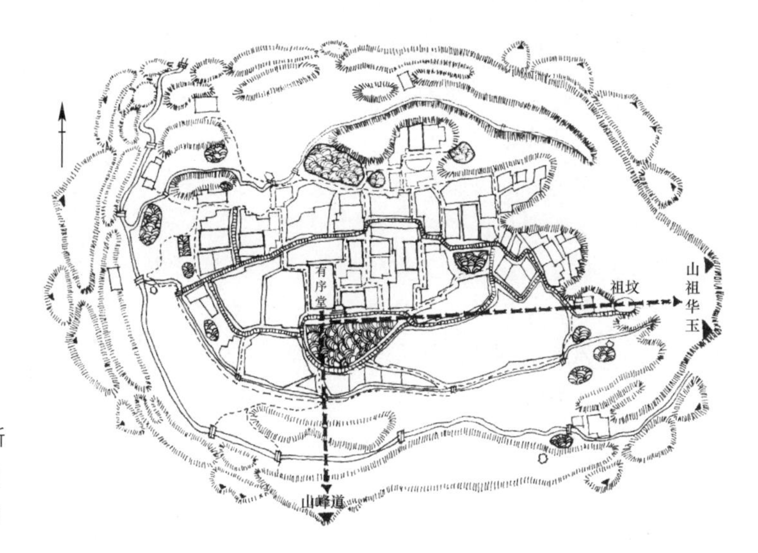

图 3-104　浙江建德新叶村景观平面示意图
（摹自《中国民居研究》）

夕照”、“上湖群牧”、“湖州牧笛”等景，增添了村落的文化气质与品位。有的是虚景，泛指风月，有的却是实实在在地在讲述一段故事。这些大多在地方志中有所记载，以介绍村镇外围的山水环境和人文景点为主，或是村镇内部构成要素与外部环境的综合。在家谱、族谱、县志所表现的插图中，村镇人工形态与周围的山川形势更是互为补充，相得益彰。

清代光绪年间《桃溪潘氏豸峰支谱》中所录的“豸峰十景”记录了豸峰村人的山水情怀和人文精神，这是他们对环境长期细致地观察、品味的结果。十景分别为：寨冈文笔、笔架文案、倒地文笔、水口诰轴、田心石印、曜潭云影、鸡冠水石、船漕山庵、东岸春阴和回龙顾祖。[1]

二、引申景观赋予含义

传统聚落深受宗法制度的影响，聚落形态反映人与其生活环境之间的相互关系，强调人与环境间的相互作用，求得与天、地、自然万物的和谐，以达到趋吉避凶的目的。在传统聚落的营建过程中，最为注重聚落的外部环境与人的关系。

人类生存环境首先讲究的是一种趋吉避凶的理想环境。人们在与大自然长期的搏斗中，逐步认识到土地肥沃、人身安全、生活方便、风光优美的环境是人类生存和发展的有利（吉祥）环境；反之，穷山恶水、土地贫瘠、安全感差的环境是不利于人类生存与发展的险恶（凶险）环境。因此便积极地、有目的地去创造比自然更有意义的空间，这种“意义”更多地体现在精神象征方面，就是为人们找到一种表达情感和寄托希望的方式，选择和营造一个趋吉避凶的人居环境。人们希望传统村镇形态与自然环境形态保持某种呼应，希望得到祖先或神灵的庇护，因此出现用村落形态比拟天上星宿或某种吉祥器物的文化现象。安徽绩溪县的冯

[1] 龚恺，豸峰村．石家庄：河北教育出版社，2003：69.

村，不仅村落四周的地形环境颇具安全感，而且满足村民心理需求在村口处有命名为狮、蛇、龟、象等的山头作护卫，从而为村民们创造了一个在心理上极为安全、祥和的村居环境。

很多村镇将自然人文景观加以引申，形成具有含义的景观。浙江永嘉楠溪江苍坡村的主街直对村西的笔架山（因此山三峰并立而得名），主街笔直比作毛笔；因笔架山形似火焰，为防引火烧村而在笔街东端挖掘池塘，成为砚池；池旁两根四米多的石条凳比作墨锭；方整的全村比作一张纸；形成笔、墨、纸、砚“文房四宝”的地景艺术（图 3-105～图 3-107）。

浙江永嘉楠溪江芙蓉村借村内有 8 口水塘，另选 7 处丁字路口处铺设高出地面的卵石铺地，谓之“七星八斗”，象征天象，寓意村里将会不断出现文化上的杰

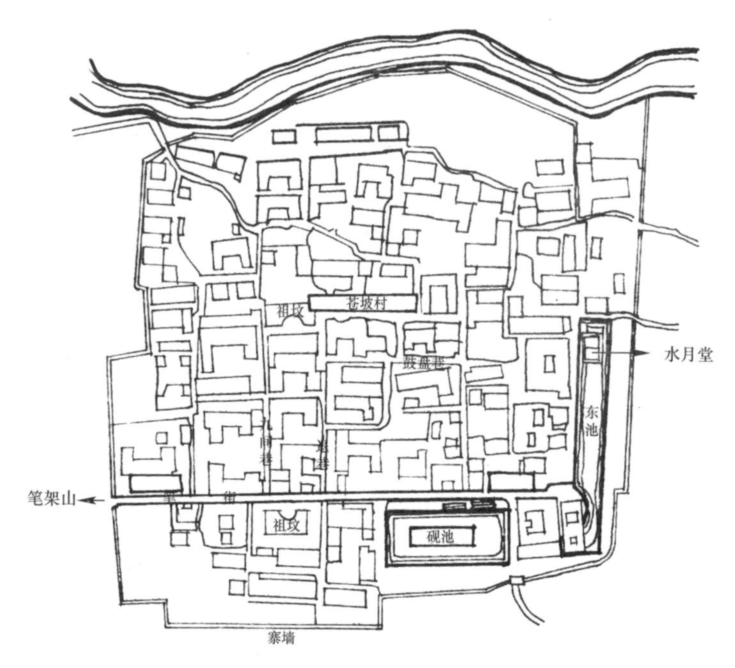

图 3-105　浙江苍坡村总平面图
（摹自《中国民居研究》）

图 3-106　浙江苍坡村池塘

图 3-107　浙江苍坡村主街

出人才（图 3-108、图 3-109）。

有的村落在总体布局用地的形状上附加象征性的人文含义。四川犍为县罗城镇为“船”形村落，四川资中罗泉镇为“龙”形村落。安徽歙县渔梁村因为中间宽两端窄的梭形而称为“鱼”形村落，中间主街为鱼骨，两侧巷道为鱼刺。安徽歙县宏村为“牛”形村落，村中心的月塘为牛胃，南湖是牛肚，贯穿全村的水渠为牛肠，村周桥梁为牛腿。广东东莞南社村被视为一条大船，在村东北门内高地上的祖坟为船头，高高翘起在村的一端；村中心的四座水塘为大船舱；在水塘中心桥旁的大树被视为船的风帆，寓意这艘大船在四周田园的辽阔大海中扬帆前进，昭示出家族的锦绣前途（图 3-110）。江西婺源豸峰村的象征意象则颇为奇特，在山水环抱中，村落整体平面呈圆形，也就是一面铜锣。村中没有一条贯通的直街就是为了避免这面“铜锣”裂缝。

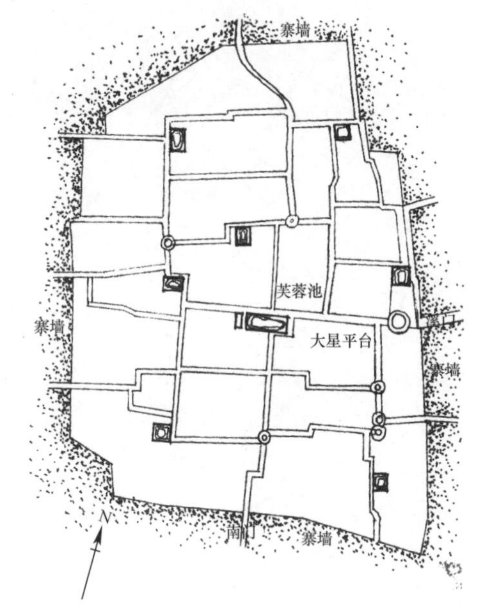

图 3-108　浙江芙蓉村“七星八斗”布局图

（摹自《中国民居研究》）

图 3-109　浙江芙蓉村芙蓉池

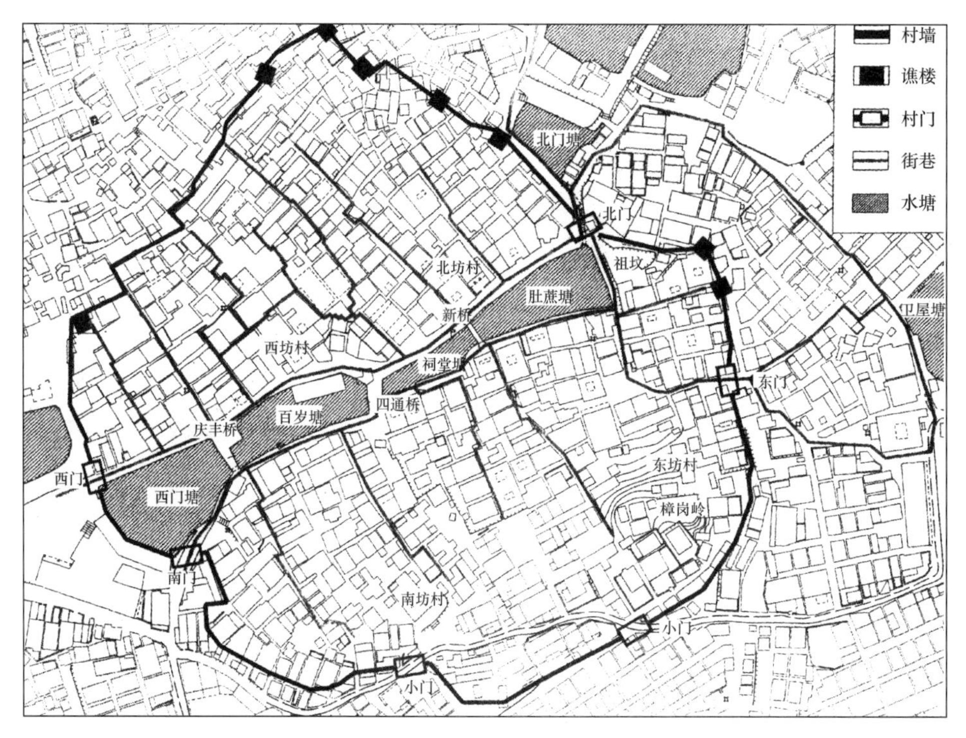

图 3-110 广东南社村平面图

（引自《南社村》）

第八节 民族村寨

我国是个多民族国家，由于文化背景、地理位置等各种原因，各民族聚居地选址和布局有很大不同。部分少数民族汉化较深，已经迁居平原地区，居住在汉族习用的合院式建筑中，形成街巷式布局。一些文化较发达的壮族、土家族、侗族、傣族等多居住在山脚低地，背山依水，自然条件较好，其村寨布局多取自由式布局。苗族、哈尼族等多居住在山腰的台地，地形较为复杂，与梯田相结合，布置更为自由。而瑶族、怒族等文化欠发达的民族则被迫迁居在高山之上或深谷之中，村寨布局较为散乱，仅为居民点而已。同时，民族村寨多有自然崇拜或祖先崇拜的传统，也使得民族村寨具有各自的特色。

一、云南傣族村寨

云南傣族村寨选址在坪坝地区或山坡地区依山傍水之处，布局多呈自由式布置。村寨大多由寨心、寨门、寺庙、埋葬傣族先民的地方——龙林，以及住宅组团组成。寨内房屋密布，多为干栏式竹楼；道路狭窄，呈不规则网状分布。傣族是全民信奉小乘佛教的民族。寨中男孩从八、九岁起就开始进入寺院当一段时间的和尚，并以此为荣，以期在成年获得较高的社会地位，所以佛寺内除佛殿、佛塔外还有僧房、经堂等。群众性的布施活动极为频繁，每逢斋戒日都要举行盛大的赕佛活动，由于佛教与村民的关系密切，致使佛寺遍布于各村寨。佛寺和佛塔作为傣族信仰佛教最显著的外在表现，对聚落的位置、形式及其周边建筑等均具有决定性的作用。佛寺成为全村精神文化生活的唯一中心。佛庙一般布置在村寨的入口处（坪坝）或山坡的最高处（台地），以显雄伟之气势。远远望去，往往先见寺庙，后见房屋，寺庙成为村寨的标志和布局重点。村内有一条或两条主干道路，皆朝向庙宇。民居则散置在干路两侧或支路上。此外，按当地习俗约定，佛寺的对面和两侧均不能盖房子，村中住宅的楼面高度不得超过佛像座台的高度，加之佛寺的体量十分高大，因此在一片低矮的竹楼民居中，佛寺建筑的形象格外突出，它不仅自然地成为人们精神崇拜和公共活动的中心，从而成为构成村寨群体最重要的组成部分（图 3-111、图 3-112）。

例如勐海县贺曼村即在东面村寨入口处设置佛寺，入村前即望见华丽的佛塔、佛殿，行至佛寺处道路分为左右两支，绕过佛寺抵达后边的七八十家民居群，每户用地规模相近。主路两条，支路多支，呈网状分布其间。两座晒场布置在村前村后，水井位于寺庙北侧。整座村寨总平面主次分明、整齐有序。❶

二、广西侗族村寨

广西侗族村寨大多选址于平缓的坡地上。侗族人民长期过着群居生活，鼓楼及鼓楼广场是聚会与交往的中心。鼓楼在侗族民间享有崇高的地位，有丰富的文化内涵和民族精神的寓意。击鼓报信、礼仪庆典、迎宾送客、聚众议事、休息娱乐、谈情说爱，都聚集在鼓楼。鼓楼侗语叫“播顺”，即“寨胆”，有寨子之魂之意。自古侗族就有“未曾见寨先立楼”之说。风雨桥也是侗族村寨不可缺少的重要建筑，它的功用已远远超出其初始的含义，成为侗族村寨的另一标志和象征。村民们在这里唱拦路歌，饮敬客酒，笑语欢歌。风雨桥多建于村寨的下游，意为

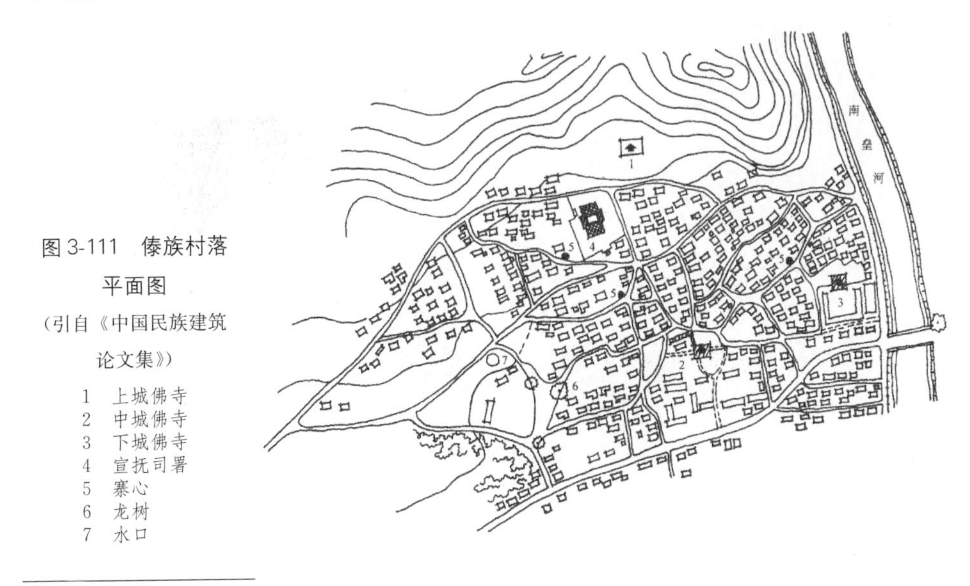

图 3-111　傣族村落平面图
（引自《中国民族建筑论文集》）

1　上城佛寺
2　中城佛寺
3　下城佛寺
4　宣抚司署
5　寨心
6　龙树
7　水口

❶　孙大章. 中国民居研究. 北京：中国建筑工业出版社，2004：491.

图 3-112　傣族村落佛寺

锁住村寨财源，不让其外流。造桥时桥位的选择多请寨中德高望重的老者“相地”，一经选定，不避水面宽窄、地形难易，众人集工筹料而建。鼓楼的雄浑厚重，象征着侗家的淳情古朴；风雨桥的细腻风采，体现出寨民的智慧聪明。民居常依着山坡等高线而建，建筑平面一般呈矩形，但根据地形的条件也常做成不规则的平面形状，如扇形等。建筑多坐北向南，也有其他朝向。

三江侗族马鞍寨是三江著名的侗族村落，位于桂北三江县的林溪河畔。村寨地形前低后高，处于平缓的坡地上。寨前的溪水倒映着四周群峰，一前一后的程阳风雨桥和平岩风雨桥跨水横卧，连通着寨外的乡道。寨中宏伟的鼓楼居高临下，昂首挺立，而干栏式的民居则环绕鼓楼，鳞次栉比、疏密错落[1]（图 3-113～图 3-116）。

三、四川羌族村寨

羌族村寨主要分布于四川阿坝藏族自治州，多筑于山腰且靠近溪泉之地，也有少数居高山河谷地带，筑房依地形而建，不太注重朝向。寨中巷道纵横，岔道极多，犹如迷宫。桃坪羌寨位于汶川县与理县之间的高山山腰，依山而建，杂谷

图 3-113　侗族村寨

图 3-114　侗族村寨鼓楼

[1] 陆琦. 中国古民居之旅. 北京：中国建筑工业出版社，2005：250.

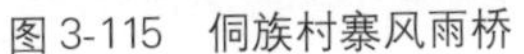
图3-115　侗族村寨风雨桥

图3-116　广西三江侗族马鞍寨风雨桥

脑河水从寨前奔流而过。寨子始建于清朝中前期，是羌族建筑部落的典型代表。这里共有98户人家，羌族占了99%。羌族民居用石片砌成的平顶庄房呈方形，房顶平台为开敞的檐廊和晒台，作为脱粒、晒粮、做针线活及孩子游戏、老人休歇的场地。有些楼房还修有过街楼（骑楼），以便往来。羌寨中最有特色的是碉楼，一个羌寨中总有几座碉楼立于寨中。桃坪羌寨中有两座古碉楼最为引人瞩目，它们均为九层，高约30米，层与层之间用楼梯相连。碉楼上布满了枪孔，楼内供进出的门修得很小，人只能躬身进出。攀上碉楼，整个羌寨一览无遗。羌寨碉楼为四角堡垒似的造型，底部较宽，逐渐向上收缩，内部设有木梯直通顶端云台，窗户内宽外窄。碉楼的主要用途是作为御敌、观察、通报敌情之用，所以坚固雄伟、棱角有致。羌族的民居均以石块垒砌而成，在通往各家各户的石板下都暗藏着水流，纵横交错、互相连通，形成了羌寨完整的供水系统。除了供水、消防、调节气温外，还能在战争时通过水道暗中向外传递情报。[1]

四、四川藏族村寨

四川藏族村寨多位于半山腰和峡谷中。因地形限制，其居住建筑分布较为分散。四川省西部甘孜藏族自治州丹巴县的藏寨民居具有强烈的地区性特征，其中以甲居藏寨的住屋模式和聚落形态特征最为典型，被评为“中国最美丽的乡村”第一名。丹巴地处高山峡谷地区，林木茂盛，气候湿润，日温差大。山地多且坡度较大，适宜于农耕的平坝用地少。集聚于该地区的嘉绒藏族全民信仰藏传佛教。甲居藏寨的选址建设不占农耕用地，多以三至五栋单体民居集聚在平坝农田间的边角用地之上，在河谷山坡上形成匀质散点与簇群式的聚落形态。建筑形式采用碉楼和寨房。二者原本是两类不同性质的建筑，但随着时间的推移，碉楼和寨房已有机地结合为一体，新的建筑融合了碉楼的特征和寨房的风格。碉楼或三五成群，或独立山头，碉楼与碉楼之间依山就势，相互呼应。相对集中的地方，一眼望去，几十座碉楼此起彼伏、连绵不绝，形成蔚为壮观的碉楼群。

[1] 陆琦．中国古民居之旅．北京：中国建筑工业出版社，2005：272．

五、武陵山区土家族村寨

土家族主要聚居在湘鄂渝黔交界的武陵山区，是远古巴人的后裔，先民可以追溯到源于巫巴山地和鄂西山区的巫山人、建始人和长阳人。宋代以来，土家人世世代代生活在武陵山区一带，虽临近中原，但由于地处崇山峻岭之中，交通不便，严重影响文化传播。因此虽然土家族与汉族交流频繁，但仍能延续本民族居住生存理念。聚落布局一般以聚族而居为基础，形成相对独立而又彼此联系的山寨。过去，一个土家族山寨往往就是一个姓氏的家庭居住，形成以姓氏命名的寨子。如咸丰的刘家大院，过去曾是刘氏家庭的聚居之地；宣恩的彭家寨，过去曾是彭氏家庭的世居之地。以湖北宣恩、来凤，湖南龙山、永顺一带为中心的武陵山区山峦重叠、河流纵横，因此土家人村寨在选择居住和村落布局时讲究依山傍水，聚族而居，从而形成一个个建于山坡或山坳之中的山寨。例如湖北恩施土家族、苗族自治州，绝大多数山寨位于山坡的位置。武陵山区少有平地，所以稍微平整一些的土地都会被格外地珍惜，用它来做最重要的事情——种植耕作。聚落中的平整地块保留作为耕地，在周围的坡地上修建如吊脚楼这样的住宅，成为绝大多数山地土家族聚落的选择。吊脚楼是土家族最具有代表性和最具特色的民居建筑。土家族聚落中的建筑布局，可以称之为均匀线性的分布，建筑布局灵活，无明显的中心与边界，完全顺应自然的地形地物，沿着等高线，背靠大山，面向山前开阔空间。土家族的这种传统型聚落并没有明显的轴线关系，没有对称也没有向心和内聚，而是自然有机地结合，呈现出较为散漫的聚落形态。咸丰县刘家大院将对外联系道路两侧的平整地用来种植水稻等水田作物，稍微有一些起伏的土地用来种植玉米、烟叶等旱田作物，并在农田周边布置烤烟房，然后在坡度更大的周边地带才作为自己的居住用地来建造住房。大多数的房屋都沿等高线顺序排开或前后分布于山坡之上，这些前后排列的房屋，也都由于高差的缘故，每户门前都是开阔的空间，可以远眺而互不遮挡。[1]

六、维吾尔族村落

新疆地区的典型维吾尔村落大多以清真寺为中心，环绕若干居住组团而构成，传统村落格局方式是绿洲灌溉型村落格局，即村庄耕地沿水分布，民居与耕地相依，沿绿洲边缘布置在渠水两侧，不占或少占耕地；近水布局，生活尽可能临水起居。这种格局是此处干旱农耕区村落格局的基础类型，它从格局上适应地区的气候环境。

村落的中心为清真寺，一般是村庄内最好和最大的一块平整地块。在惜地如金的绿洲区，以清真寺为代表的宗教活动场所始终占据着村落最佳的场地。清真寺的主体是礼拜堂，礼拜堂按伊斯兰教义，背西朝东开门设廊，而清真寺院落基

---

[1] 马磊. 浅析鄂西土家族传统民居及聚落特征. 华中建筑，2009（11）.

本按北南方位建设。清真寺院内宽阔，便于教众集散和区划世俗。高大的礼拜堂、高耸的穹顶塔楼和宽阔的院落形成村落的中心区，使聚落具有了强烈的向心性和主从秩序。清真寺周围随坡就势布置着各个居住组团。各组团因临水、就山、面路的不同，呈现出不同的内部结构❶（图 3-117、图 3-118）。

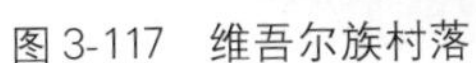

图 3-117　维吾尔族村落

图 3-118　维吾尔族清真寺

❶ 杨晓峰，周若祁. 吐鲁番吐峪沟麻扎村传统民居及村落环境. 建筑学报，2007（4）.

第四章

传统村镇的空间组织

我国传统乡村聚落是劳动人民世世代代长期奋斗而创造的“自然—社会—人”相互关联的广泛而又复杂的居住单元，是在相对单纯的城乡关系下自我循环和自我发展而成的。

从聚落形成机制看可分为两类：一类是自发的，尤其是多姓杂居的居民点或商业交通的聚落，受自然条件的制约较大，缺少制约集体的组织与精神力量，随着经济社会的发展无次序地建造房屋，形态上表现出更大的灵活性和随自然起伏的自然性；另一类是有规划或部分有规划建造的，是在规划意象的指导下选址布局并逐渐完善的村镇，如同姓族村，有族规的统一制约力量，可以合理地使用土地，形成一定的格局形式，表现出更为丰富的社会内涵。形态上表现为一定的象征性，受人文历史因素的影响。

无论是哪一类聚落，都具有一种建立在农耕经济和“天人合一”思想上的、有机生长性的村落形态，与地形及农耕这一特定的产业形式相关联。它强调人与自然以及人与人的共生共存的关系，其空间组织形态体现了周围环境多种因素的作用和影响，结构形态往往表现出一种均质协调和缓慢发展的特征。

第一节　传统村镇的聚落形态类型

传统村镇的聚落形态主要是指两个方面：一是指村镇在总平面图上的形状；二是指村镇的建筑形式与布局、街道以及对外交通等方面的特点。不同地域、不同环境、不同时代的村镇形态有着明显的差别。从一定意义上说，村镇的聚落形态是村镇所在地的地理环境、村镇形成时代以及当地社会历史和文化背景的反映。

从全国范围看，村落的定居区位分布受气候、资源和地貌等自然因素的影响很大。村落大多分布在江河流域的平原、河谷和丘陵，其次是草原和山地。千百年来，农民们日出而作，日落而息，耕种着周围的土地，村落多为"自由式"的布置方式，可谓"一去二三里，沿途四五家。店铺七八座，遍地是人家"。它是生产力低下的小农经济的产物。

村镇的聚落形态主要有三种基本类型：带形村镇、团块型村镇和散列型村镇。

一、带形村镇

带形村镇的用地呈线形展开。这种布局大多是因为地形的限制，沿水陆运输线延伸，河道和主街成为村镇延展的依据和边界，贯穿始终。在黄土高原，村镇往往沿冲沟和山谷边缘而建；在水网地区，村镇大多沿河岸修建；在西南多山地区，河岸陡峭，可供建设用地少，村镇沿河流岸边一字延伸。如皖南的渔梁镇临富春江而成带形布局，居民区沿与江岸平行的主街而发展。四川广安肖溪场，亦是沿渠江岸边带形发展（图 4-1）。

二、团块型村镇

团块型村镇大多由带形结构发展而来，是大型传统村镇的典型格局。村镇的

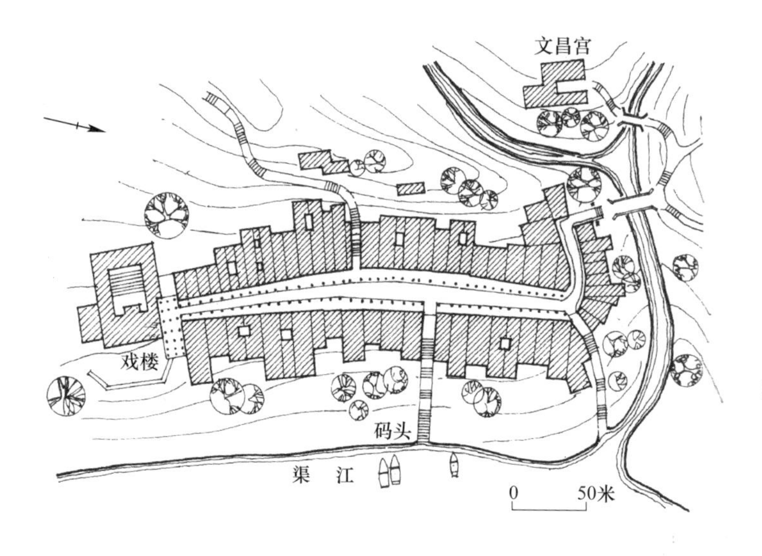

图 4-1　四川广安肖溪场平面
（引自《中国民居研究》）

用地比较宽松，呈长方形、扇形、圆形、多边形等团块状布局，以纵横的街巷为基本骨架。街巷平直且大多以直角相交，主次分明，承担主要交通。村镇内部有一个或几个点状中心，如戏台、集市、广场、水塘等，整个村镇围绕中心层层展开构建而成。如云南丽江古城四方街等（图 4-2～图 4-7）

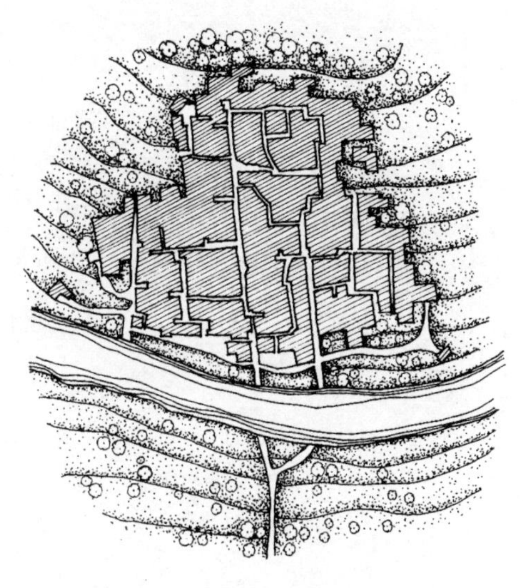

图 4-2　浙江江嵊县浦口乡扈家埠村平面示意图

（摹自《传统村镇实体环境设计》）

三、散列型村镇

散列型村镇在丘陵地和山区分布较多（图 4-8）。围绕农田或山丘的数个分散组团构成一个村落，用地范围不规则，街巷和道路系统不明显，中心不明确，多数属于多姓混居发展而成的居民点或是少数民族村寨。在广东沿海低洼地区，台风频繁，地面积水不退，因此农村多取环丘式布局，以小山丘为中心，沿丘坡四面环布，以免水淹（图 4-9、图 4-10）。新疆图瓦族聚居地禾木乡民居在草原上呈散列型布局（图 4-11、图 4-12）。

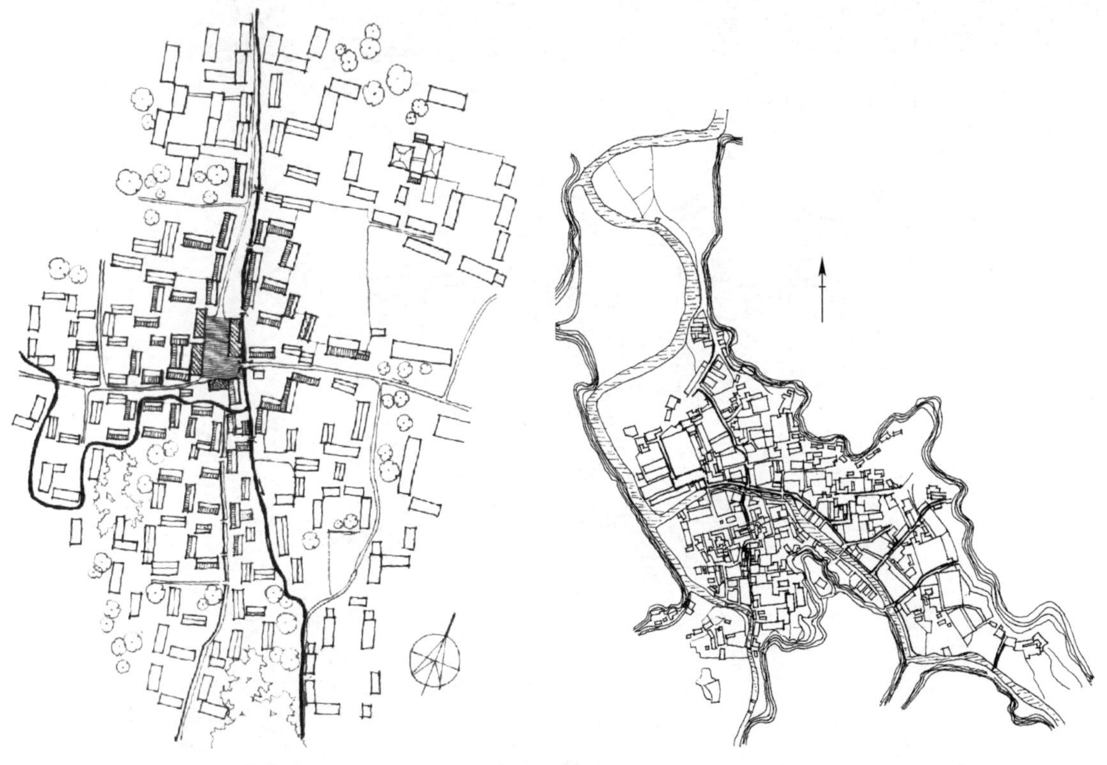

图 4-3　云南丽江古城四方街

（摹自《中国民居研究》）

图 4-4　浙江武义俞源村平面示意图

（改绘自《俞源村》）

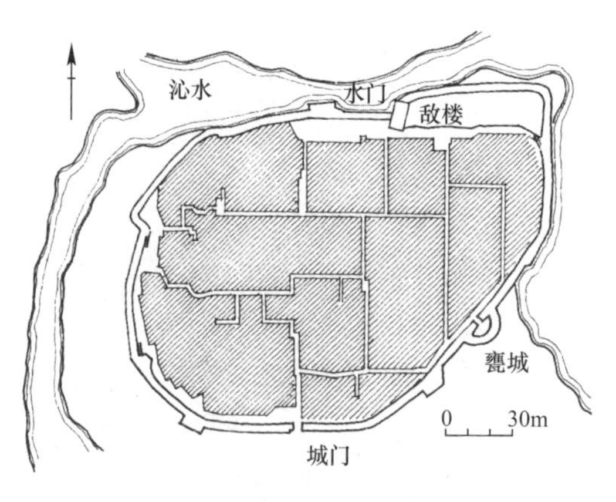

图 4-5　山西阳城砥洎城平面示意图
（引自《中国民居研究》）

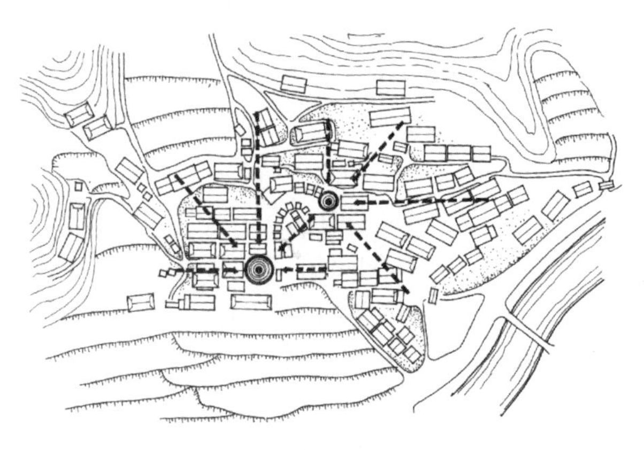

图 4-6　贵州雷山苗族郎德上寨以芦笙场为中心的团块型村落平面
（引自《中国民居研究》）

图 4-7　云南丽江古城全貌

图 4-8　陕西丘陵地区散列型村落
（引自《中国民居研究》）

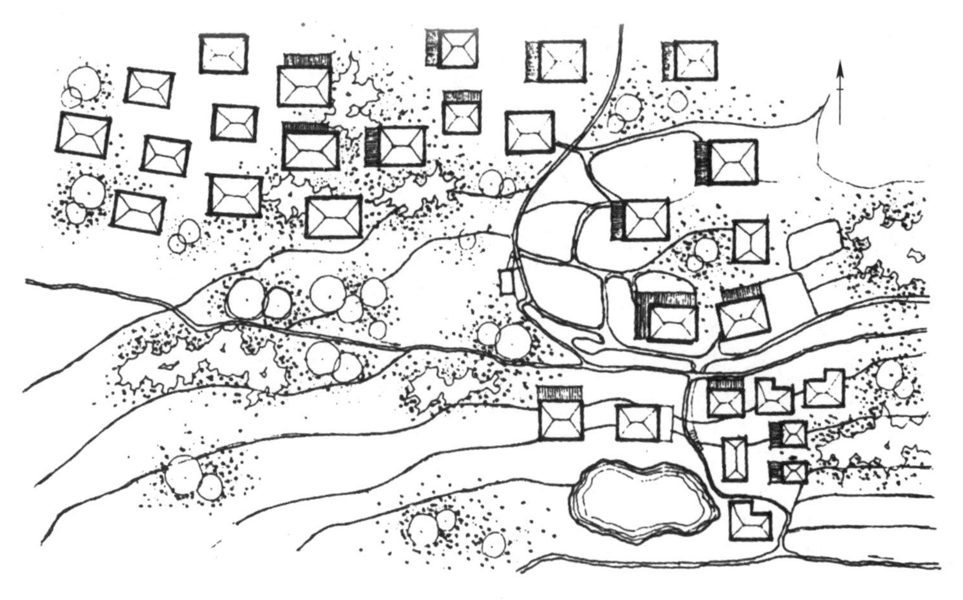

图 4-9　云南哈尼族村寨平面图
（引自《中国民居研究》）

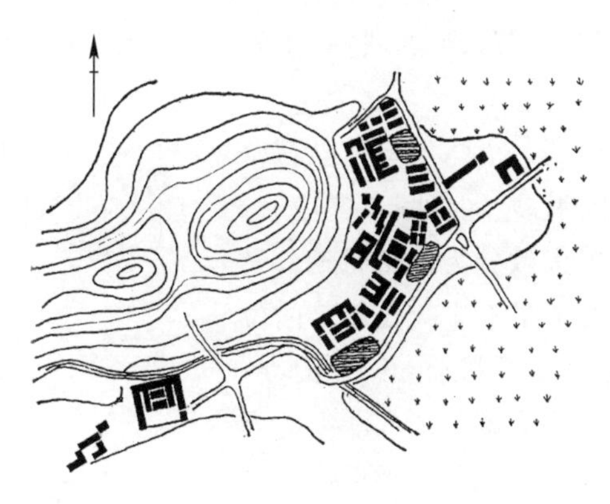

图 4-10　广东潮州市东寮乡平面示意图
（引自《中国民居研究》）

图 4-11　新疆图瓦族禾木乡

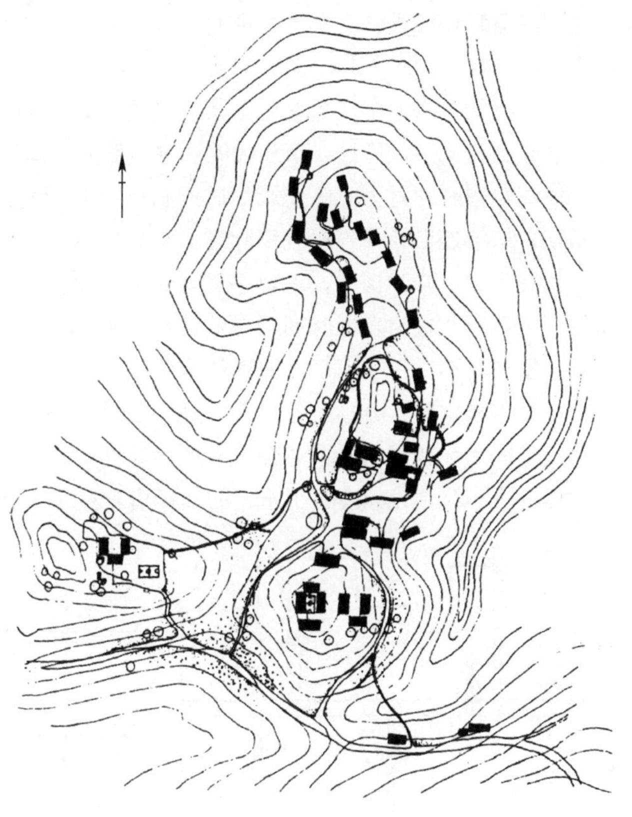

图 4-12　云南景颇族村寨平面图
（引自《中国民居研究》）

第二节　传统村镇的演化过程

传统村镇聚落形态的发展是历史的、动态的，都有一个定居、改造、发展的过程。

一、自然扩张型的村镇演化

乡村社会生活中的血缘和地缘关系使其聚落具有内向型的特点，再加上住宅的型制早有先例，以及住宅组合中受到功能机制的制约，就必然会赋予村落群体组合某种潜在的结构性和秩序感。村落的发展方向和基本秩序是通过地域原型建立的。原型的存在使得村落形态结构的发展演变在没有专业人员参与的情况下，表现出一种自在的和谐与秩序。相似的村落布局、相似的院落空间……村落住宅的建设大多是由各家各户间的相互模仿实现的。村落的整体形态是在漫长的历史时期在聚落社会组织的影响下逐渐形成的。

村镇的最初形态多是分散的散列型住宅，这些散列型单元慢慢以河流或道路为骨架聚集，成为带形聚落，带形聚落发展到一定程度则会垂直长向道路在短向开辟新的道路，形成十字街道，进而发展为井干形或日字形道路骨架，进一步发展为团块型村镇（图 4-13～图 4-15）。

这种自然扩张大多伴随着村落人口规模的扩大而发生的。福建省南靖县石桥村从两幢圆楼开始，经过二十几代的开发，形成四片集中的住宅区（图 4-16）。

浙江建德新叶村为叶氏聚族而居的村落，其历史发展大致分为四个时期。第一时期，从始迁祖叶坤到四世祖叶震为形成时期，主要选定了玉华叶氏聚落的位置，整修水利，修建祠堂，兴建书院，奠定了整个村落的发展基础。第二时期，从第五世到第八世为发展时期，村落已经发展为一个有百户人家，约 600 人的大家族。第二时期，由于人口增加和贫富分化，到 15 世纪中叶，家族开始分支，形成十一个支派，各建分祠，各房派的住宅围绕本派分祠。第四时期，从明成化到明万历年间为鼎盛时间，农业经济有很大进步，在宗族文人叶天祥的主持下进行了村落的进一步建设，建造了水口的文峰塔，重建了有序堂，加建了封火墙。

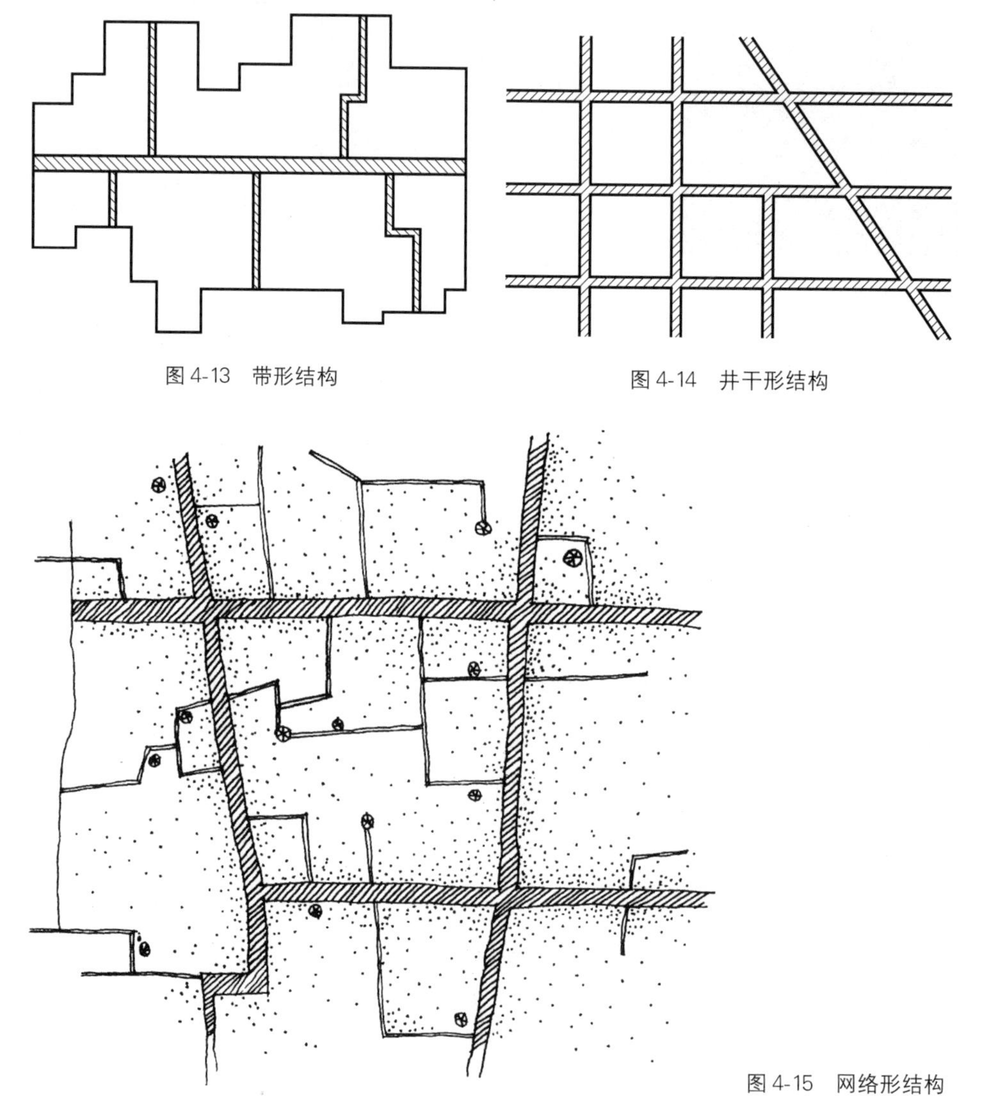

图 4-13　带形结构

图 4-14　井干形结构

图 4-15　网络形结构

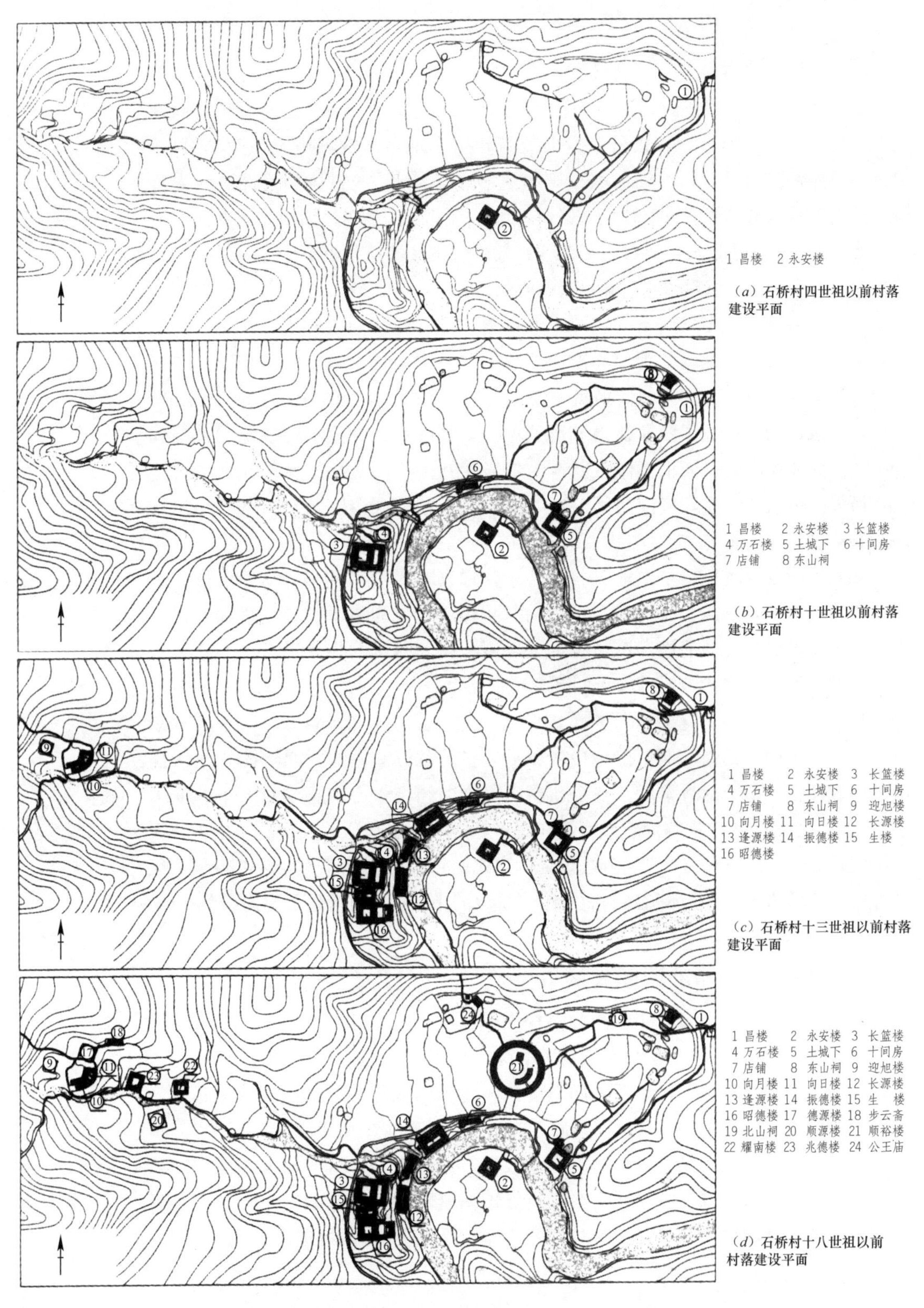

图 4-16　福建南靖石桥村四个时代的村落总平面布局图

（引自《石桥村》）

二、社会经济影响下的村镇演化

随着经济社会的发展，村落的空间结构也会发生变化。某些村镇因交通因素而导致村镇的兴衰变迁，如京杭大运河曾带动一大批沿河的城市及市镇的发展，但是自津浦铁路建设后，沿河的城镇则呈败落之势。[1] 某些村镇因为仕进人家日多，村落性质会向耕读型村落转化，修建牌坊和祠堂等；某些村镇根据水系改造需要，修整水道、开挖池塘，兴修水利工程；某些村镇受经济发展影响，从农业型村落转向商业型村落，出现商业街和村落中心的转移等，皆反映出历史变化的影响。

浙江兰溪诸葛村在早期是一座纯农业村落，没有商业街道和商业中心。住宅以各个房派宗祠或“祖屋”为核心形成团块，这些团块再组成整个村落。其中又以全宗族的大宗祠作为整个村落最重要的礼制中心。但是，随着村落商业的发展，诸葛村在清代初年形成了商业街道和商业中心，其影响力和重要性逐渐超过了礼制中心。商业中心的空间很宽阔，而作为最高礼制中心的丞相祠堂却反而因道路改变而处于偏僻的位置，门前空间狭小，反映出了经济社会变化对村落布局结构的深刻影响。

江西乐安县流坑村本是农业型村落。宋代以来，人们因读书而做官、做了官又刺激族人读书，形成了流坑村几百年的文化传统，也积累了财富，进而通过竹木业和漕运等商业活动促进了流坑村的大发展。商人财富的最大消费就是建造房屋，建设乡里。从明代晚期嘉靖年间到清代前半叶，流坑村进行了大规模的建设，重新规划了村落布局，整治水系，建造村墙、村门、书院和大量宗祠，住宅的规模和质量都有很大提高。但是清代中叶以后，村落逐渐衰落。一是因为太平天国战争的破坏；二是鸦片战争后，整个江西省因全国经济中心转移到长江下游而失去了繁荣，京汉、汉广铁路的建成使赣江不再是南北主要交通线，流坑村失去了大环境的优势；三是因为乌江下游五公里处的牛田镇依托交通优势而崛起，占据了区域性中心市场的地位，导致流坑村也失去了优越的小环境。村落逐渐走向没落。

三、演化过程中的同质同构与生长

每个民族、家族、部落都有各自固有的环境概念，传统村镇聚落的生成与演变反映了聚落营建者结合所处环境、利用特定的环境理念构筑人居环境的过程，传统聚落中人群的集聚方式呈现出同质的秩序化和区域化，因此在聚落形式上表现为民居营造的共同选择，从而使同质性在乡土聚落环境中得以强化。

聚落与基地环境之间性质与构成的一致性，包括聚落各组成部分自身的一致性以及聚落整体与环境的一致性。为了更好地使聚落整体与基地环境契合，必须相对地淡化聚落内部的差异。聚落对外的整体性是基于内部的同质与同构而体现出来的。

---

[1] 孙大章. 中国民居研究. 北京：中国建筑工业出版社，2004：471.

蕴含着人文共识的民居形式作为基本的建构模型，在村镇聚落的不同个体的民居营建行为中并非一成不变地复制，而是在聚落生长过程中不断地进行着调适性建设。民居营造中不断综合基地的地形、地势、水源、植被等自然状况，结合相应地方的社会、经济、交通、人文等脉络，通过“顺应”基地环境脉络而形成适合聚落发展的独特模式。调试并非凭空想象的标新立异，而是基于独特的自然、社会等环境，在对聚落历史与发展有充分认识的基础上，做出切实合理的解答。一方面是以自然环境条件为依据的调适性建设，如根据不同建设地点的环境制约状况，对基本民居建构模型进行调整以匹配地形地貌；另一方面，个体家庭生活行为的特殊性和审美偏好等成为调适性建设的依据，从而对基本民居建构模型进行调整以形成个体存在的标识，如有着不同进数院落的民居和有着不同大门形象的民居。在此基础上，形成了基于同质同构基础上的传统村镇聚落的不断发展（图 4-17～图 4-20）。

图 4-17 浙江芹川村民居门（一）

图 4-18 浙江芹川村民居门（二）

图 4-19 浙江芹川村民居立面（一）

图 4-20 浙江芹川村民居立面（二）

第三节　传统村镇布局的组织方式

传统村镇布局的空间形态受到诸多因素的影响。村镇的组织方式发挥了重要的作用，产生了宗法制度影响下的内向型团块格局、家族性集体住宅以及依地缘关系发展的杂姓村落格局等组织方式。

一、宗法制度下的内向型团块格局

中国古代社会是一个典型的以血缘关系为纽带的宗族社会，人与人之间的一切关系都以血缘为基础。传统的村镇都聚族而居，所以血缘关系便不可避免地成为维系人际关系的纽带。在封建社会自然经济条件下，一处村落就是一个独立的宗法共同体，是一个自治单位。尤其自宋代理学家提倡宗族制度以来，为了加强宗族内部的凝聚力，抵抗天灾及社会的压力，形成了许多单姓的血缘村落，成为以血缘为基础聚族而居的空间组织。反映在村镇聚落的形态上，常常是以宗祠为核心而形成的节点状公共活动中心。

宗族组织管理着一切，建立并维持着村落社会生活各方面的秩序，如村落选址、规划建设、伦理教化、社会规范、环境保护和公共娱乐等。为了达到“敬宗收族”的目的，一般都设置族田，建造祠堂，并编制族谱，同时由于宗族内有族长掌握领导权，有一定的组织系统，所以这类村落的建设大多有一定的规划，在族谱中也有全村的规划及构思意象的图样。在这种单一的社会组织的绝对控制之下，乡村文化生活与村落建筑和规划体系有着一种十分契合的对应关系，并通过村落的布局、分区，礼制建筑，园林和公共娱乐设施等体现出来。其村落物质环境主要构成要素，如街巷、住宅、祠堂、庙宇、书院、文昌阁、廊桥、池坝、园林等的组织和安排也表现出一种条理清晰的有序性。

1. 组团型团块格局

传统乡村聚落形成初期，多为一村一族，族有族长，族长下有支、房长之设，每房之下有数量不等的小家庭，从而组成了以族长为核心，以祠堂为象征，以血缘关系相关联且等级森严的宗族组织。这种森严的宗族观念使整个宗族数个、数百个小家庭，按其血缘关系的远近，分别属于不同的房系、支系，构成乡村聚落内在网络结构。分布于村落之中大大小小、不同层次的祠堂，表明了某个宗族从开始迁祖到多个支派的发展过程和这些支派的层次系统。除大宗祠以外，各分支的支祠就是一个居住组团中心，各支派的住宅一般聚拢在它们所属宗祠的周围，形成团块，再以这些团块为单位组成整个村落。村落的领域界限和分布，往往是由宗族势力所决定的(图 4-21)。如皖南西递村，以规模最大的总祠（敬爱堂）为全村中心，下分九个支系，各据一片领地，每个支系都有一个支祠作为副中心，整个村落分区明显。

浙江兰溪诸葛村的结构方式是典型的组团型团块格局，即一个房派成员的住宅簇拥在这个房派的宗祠或者“祖屋”的周围，这些团块再组成村落的主要部分。

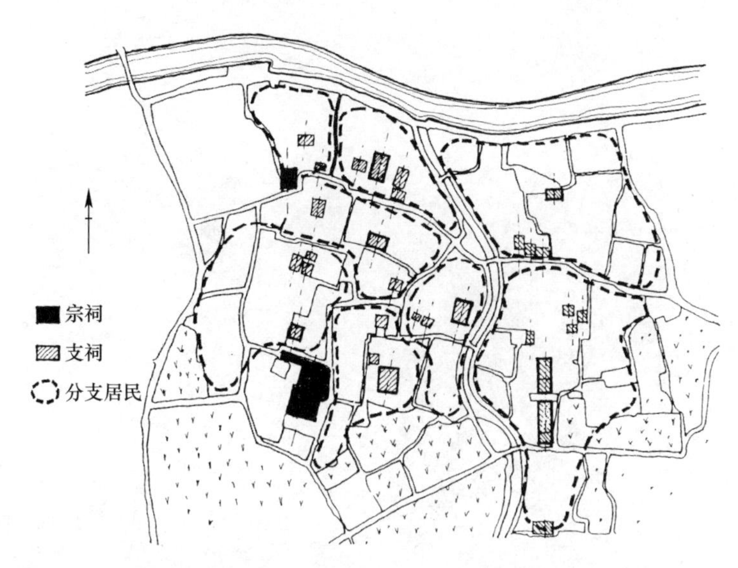

图 4-21 浙江富阳龙门镇祠堂组团结构示意
（摹自《中国民居研究》）

正如《宅谱指要》所说：祠基地“自古立于大宗子之处，族人阳宇四面围住，以便男女共祀其先”。

诸葛村诸葛氏从安三公的三个儿子原五公彦祥、原七公彦襄、原九公彦贤起分为孟、仲、季三分，大体按照“三代为厅、五代为堂”的原则，往下又分成几级房派，多数房派有自己的小宗祠，成为“大厅”和“小厅”，总称“众厅”。一般说来，各房派成员的住宅多造在本派的“厅”的附近，形成以“厅”为核心的团块。有些团块的形成是经过规划的。例如，崇行堂、尚礼堂、滋树堂、文与堂、日新堂、春晖堂等几座厅，在兴建的时候，左右两侧就有整齐的巷道，巷子外侧有统建的成排的住宅。另一种团块以“祖屋”为核心。一对夫妻的家庭，有了男孩，或者仅仅因为有了钱，就又在旧宅旁边再建新宅，或者买进邻居的住宅。经过两三代，就形成以“祖屋”为核心的次级小团块。由于地权的困难，它们的组织比较松散。日新堂、春晖堂和文与堂本来是祖屋，后来改为“私己厅”，又升级为“众厅”之一，它们的小团块便是这样形成的。而且，村落的空间结构与社会的组织结构基本上契合。孟分是大房、是宗子，所以聚居在大公堂与丞相祠堂之间这块高隆诸葛氏的“发祥地”上，以崇信堂为中心；仲分里文化高的人比较多，绅士们有身份，在村中比较有地位，大多聚居在村子的东北部，“假猢狲山背”的西坡，是全村的最高点，叫“天门”，以雍睦堂为中心；季分的人善于经商，在外开药材店的很多，他们对高隆市的商业有相当大的影响，大多聚居在西部高隆市和“老鼠山背”的东坡一带，中心是尚礼堂。大小宗祠和祖屋成了村落的结构性因素，房派宗祠的选址就分布得比较均匀，周围比较宽敞，大多在冈阜的坡脚。宗祠主持团块内公益性的建设，如道路、台阶、水沟、界门、井、塘等，也主持一些管理，如调整房基、挖池塘污泥、巡夜打更等。这种村落结构模式反映的是封建宗法制的社会结构，清晰地反映出二者之间的同构关系（图 4-22）。[1]

---

[1] 陈志华，李秋香，楼庆西. 诸葛村. 石家庄：河北教育出版社，2003：36.

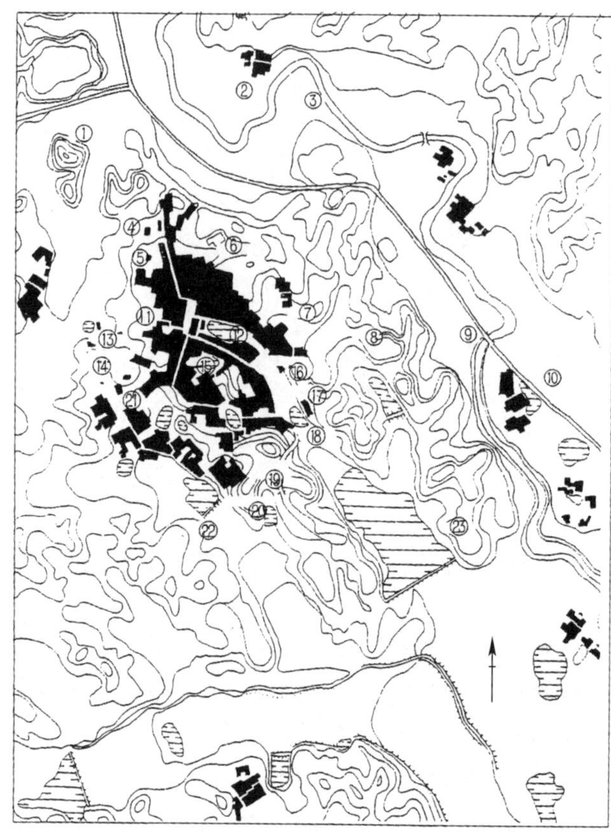

图 4-22 浙江诸葛村平面图
（引自《诸葛村》）

浙江省兰溪市新叶村的核心是有序堂。最早的住宅在它的两侧，到第八世崇字行分十一个房派建造分祠时，这些分祠就分布在有序堂的左右和后方。每个房派成员的住宅造在本房派分祠的两侧，形成以分祠为核心的团块。房派到后代又分支的时候，再在外围造更低一级的支祠，它两侧是本支派成员的住宅。新叶村就这样形成了多层级的团块式的布局结构。大小宗祠在村里的分布比较均匀。早期在团块之间留有空地，长年以往，空地没有了，团块近于封闭，但村子却以续分房派也就是增加团块的方式不断扩大，整体结构并不封闭，而是开放的。各大小房派都严格限制房地产买卖，尤其是防止把房地产卖给别的房派的成员。团块之间的街道是房派间的界线，它们中央顺向铺长条石板，两侧为卵石路面。其他街巷则没有石板条。因此，在很长的历史时期里，村子的结构与宗族的结构是符合一致的（图 4-23～图 4-26）。❶

2. 轴线型团块格局——张谷英村

内向型团块格局的一个特例就是组团变成一条轴线贯通始终、院院相连的长屋，每一条长屋即为宗族的一个支系或支脉的居住组群，每条轴线上皆有祠堂或

---

❶ 陈志华，楼庆西，李秋香. 新叶村. 石家庄：河北教育出版社，2003：30-31.

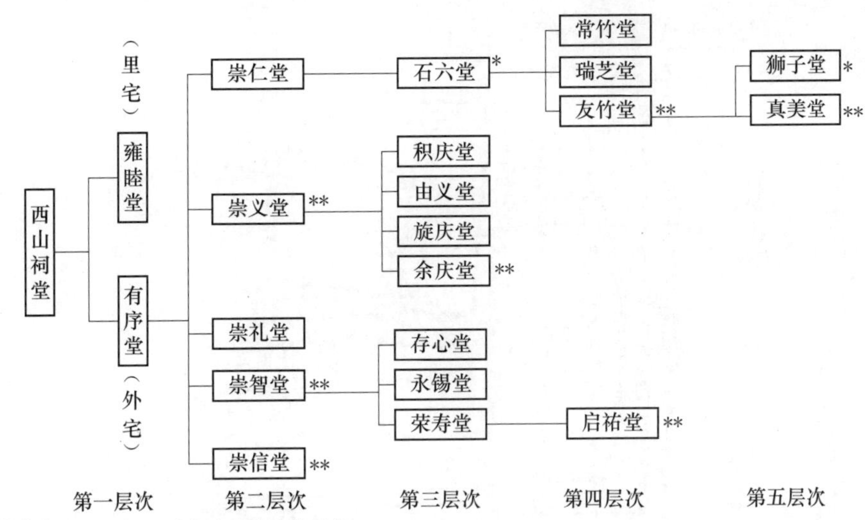

*　只剩基址　　　**　无存又无基址的祠堂

注：（1）雍睦堂原三进，现只剩最后一进

（2）石六堂剩台阶、天井等遗址

（3）狮子堂留遗址，原为三间两搭厢

（4）启祐堂1949年遭火灾，基址被其他堂派占用

（5）崇智堂迁往三石田村

图 4-23　浙江新叶村祠堂序列明细表

（引自《新叶村》）

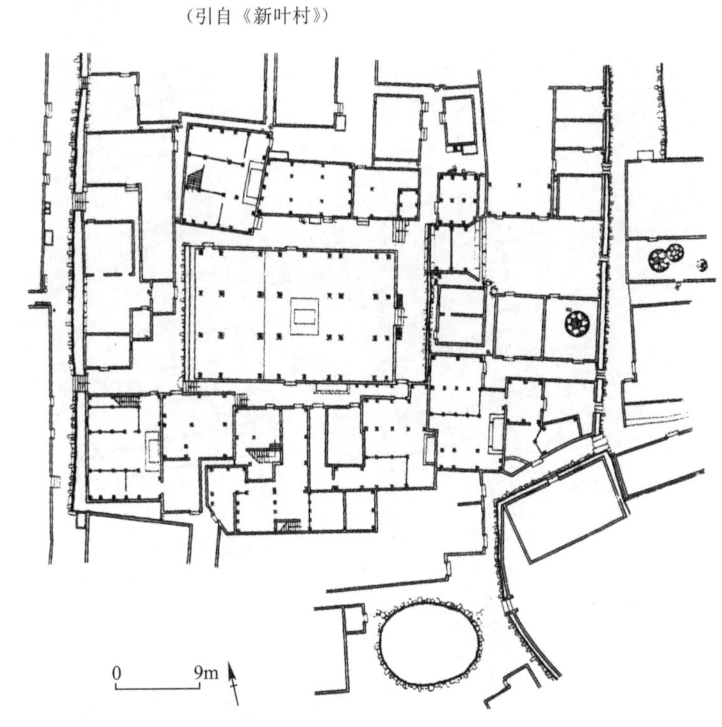

图 4-24　浙江新叶村荣寿堂及周围住宅

（引自《新叶村》）

厅屋作为中心。而且各条长屋轴线相互垂直，以表明宗系与支系的从属关系。[1]

湖南岳阳张谷英村始建于明洪武年间，先祖张谷英由江西南昌迁居此地，故以张谷英命名该村。自张谷英第八世孙张思南开始在现址大规模营建住宅，先后

[1] 孙大章. 中国民居研究. 北京：中国建筑工业出版社，2004：517.

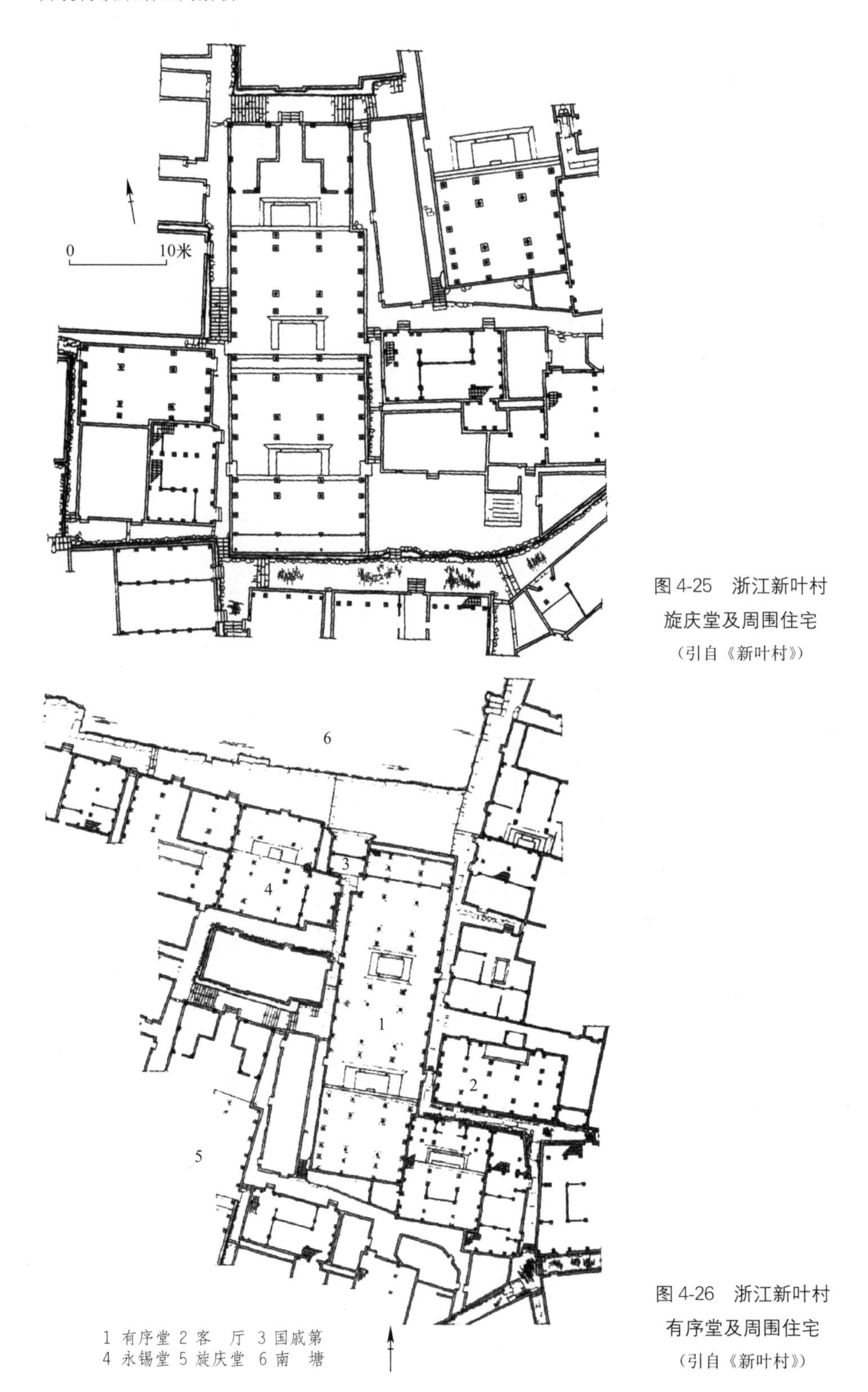

图 4-25 浙江新叶村
旋庆堂及周围住宅
（引自《新叶村》）

图 4-26 浙江新叶村
有序堂及周围住宅
（引自《新叶村》）

建成当大门、西头岸、东头岸、石大门、王家塅、上新屋、下新屋、潘家冲等数片。除上新屋、潘家冲离得较远，其他各片互相连接，形成一个整体，共有房屋

1000 多间，建筑面积达 50000 平方米。

张谷英村坐落在四面环山的盆地之中，夹建在龙头山与渭溪之间，背山面水，环境优美。在村落布局上，各幢房屋结构基本相同，均为严谨对称的多进院落的厅井式房屋。村落总体布局依地形呈“干支式”结构，内部按长幼划分家支（血缘关系）用房，采取纵横向轴线，纵轴为主“干”，分长幼，主轴的尽端为祖堂或上堂。横轴为“支”，同一平行方向为同辈不同支的家庭用房。中轴线上房屋对准龙汕头，为三到四进堂屋，多的可达五进，堂屋与堂屋之间以天井和木质屏扇隔开，最后一进为祖堂，供奉祖先牌位。中轴两边又分别伸出三到四条分支，每条分支由一个分支家族居住，而每一进堂屋及两边的厢房则由一个家庭居住。各幢住宅的轴线彼此垂直，可以分出主轴、次轴和亚次轴。各幢房屋之间有巷道，既为分割的界线，又有联系的通道。巷道具有交通、防火和通风的功能，纵横交错，是建筑群的脉络，共有 62 条，最长的达 153 米。整个建筑群犹如一座巨大的迷宫，堂屋、厢房相接，天井、巷道相连，走遍整个村子可以不经过露天（图 4-27）。

二、家族性集体住宅构成的村落

作为家族性集体住宅的福建客家土楼早已闻名世界，是中国传统聚落中一种特别的类型。它的形成是历史、经济、文化、自然条件等多种因素的综合作用，是兼有聚族而居和防御作用的大型住宅形式。

首先，满足家族共居的要求是最初建造方形和圆形集体住宅的目的。客家人作为汉民族的一个分支，深受家族宗法制度的影响。他们在长途迁徙中历经艰难，最后在闽南一带安居下来，靠的是家族的集体力量，因此家族的内聚力很强。要在交通相对闭塞的新的居住地发展仍然要靠家族的力量，相对稳定地发展自己的文化，于是就采用了家族性的集体住宅，以维持甚至加强家族的内聚力。另外，由于土楼分布的地区大多山峦起伏，溪流纵横，地形多变，客家人从事小块土地上的农耕经济，山地稻作农业成为家族发展的物质基础。在这种生产方式下，个人和单一家庭在居住和生活方面的独立能力相对弱小，人们本能地依赖并尽力维

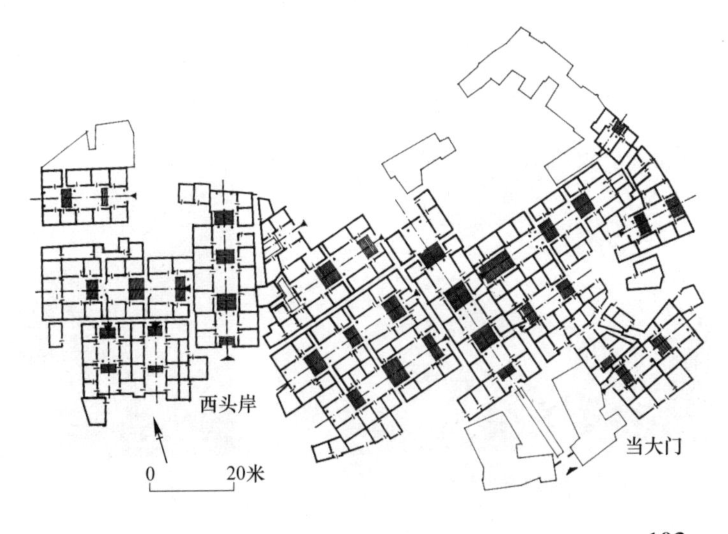

图 4-27　湖南岳阳张谷英村总平面图
（引自《中国民居研究》）

图 4-28 福建南靖土楼群鸟瞰

图 4-29 福建南靖土楼群全貌

图 4-30 福建南靖和贵楼外景

护家族的统一和完整。土楼由核心体与围合体两部分组成，核心体一般为祠堂等礼制空间，围合体用于居住，中心的祠堂与环绕周围用于居住的廊屋的关系是社会伦理与家庭秩序的象征。供奉列祖列宗的祠堂位于中心，代表至尊与永恒，是家族团结的核心。生活用房围绕祖堂而建，表现出对祖宗的臣服与敬畏。此外，土楼中公共设施占有重要的地位，其中包括祖堂、书院、大厅、院落、露台、厨房、柴房、杂屋及畜栏等，它表达出强烈的群体性和家族性的特征（图 4-28～图 4-29）。

其次，土楼都有坚固的防御性。闽南一带山高林密，为了防止民系之间和村落之间频繁发生的争斗，也为防盗匪、猛兽，家族性的集体住宅不得不具备很强的防御性。不论方楼还是圆楼，大都是厚筑高墙，封闭内向，外部很少开窗，多为一个大门出入。门上大多有严密的防御措施。福建南靖县的和贵楼是五层高的方形土楼，宽约 36 米，深约 28 米，坐西朝东，只有正中一个大门供出入。为了防止火攻，还特意在大门上设有水槽（图 4-30～图 4-34）。

家族性集体住宅，无论方的还是圆的，全部采用标准间形式。按梁架分间，规格大小相同。它们环绕着一个内院，形成一圈。一般为四至五层，上下垂直的四或五间分配给一户。底层做厨房，二层做谷仓，三层以上住人和作杂物间。这

图 4-31 福建南靖和贵楼院内水井

图 4-32 福建南靖和贵楼方楼内景

图 4-33　福建南靖和贵楼楼内楼梯

图 4-34　福建南靖和贵楼楼内走廊

图 4-35　福建南靖裕昌楼楼内走廊

些房屋的组织方式一般采用通廊式和单元式两种，且绝大部分是内通廊式。内通廊式即每一层沿内院设一圈公共走廊，沿走廊可绕院落一圈，每间房有门与走廊相通。全宅只有三四个公共楼梯，各户人家，从厨房上楼到卧室，也要走公共走廊绕过去。单元式是指每一户都独自拥有从底层到顶层的独立单元，有自己内部的小楼梯，左右均不与邻居房屋相通（图 4-35、图 4-36）。

图 4-36　福建南靖裕昌楼内景

福建南靖县怀远楼为一座圆楼。直径 38 米的环形土楼高四层，只在前部设有一个大门作为出入口。外墙的一、二层不设窗户，三、四层卧室开有小窗。第四层外墙还挑出四个瞭望台，三面砌砖围合，留有枪眼可向外射击。此外，在门洞的横梁上有三根竹筒通向二层，可从上灌水形成水幕以防止火攻。楼内环绕一周有 34 个开间，四部楼梯均匀分布。卧室平面呈扇形，面积不到 10 平方米。二至四层内侧均设宽约 1.2 米的走马廊，用以联系各个房间。内院设祖堂，也兼作家族子弟读书的私塾和书斋。祖堂与外环楼之间形成环形的内院，院中有一口洗漱用的水井（图 4-37、图 4-38）。

三、依地缘关系的杂姓村落格局

除了聚族而居的村落以外，尚有大量的多姓混居的村落。杂姓聚居的村落是由大部分无亲缘关系的多姓家族结成的村落，村落中较少家族势力的宗派性，行政首脑也多为乡绅充任，聚落中多设社或庙宇等并以此为聚落公共中心。

山西省阳城县郭峪村是一个杂姓村落。虽然早在唐代就已有郭社的名称，但郭峪村并没有成为郭姓的血缘村落，这和包括山西在内的华北一带长期的战乱和

图 4-37　福建南靖怀远楼外景

图 4-38　福建南靖怀远楼内景

居住环境恶化有关。直到明代，朝廷为了巩固边防，在蒙古和山西交界处大量屯兵，山西省才获得了较为安定的环境，人口开始回流。郭峪村由于紧靠以冶铁为主的润城镇，又与交通枢纽北留镇毗邻，所以成为新移民涌入的首选之地。后来成为郭峪大户的王、张、陈、窦、卢、马等姓氏都是明代迁入的。明代末年，以李自成为首的农民军在陕、晋、豫等地进行了长达几十年的战争。为躲避农民军的劫掠，众多散居的小户纷纷迁至大村附近，以加强整体的防御力量，这就形成了较大的杂姓村落。郭峪村成为其中之一。

郭峪人能够杂姓相处的一个重要原因是经商者相互提携的需要。山西人在外经商者多，千凶万险难以预料，因此特别重视“乡亲”关系，结为商帮，地缘意识大大强过于血缘意识，具有很大的包容性。杂姓村落的管理不依托于宗族领袖，而依托于里社。社是乡村中较低一层的行政管理机构。它由十几个人组成“本班”管理。本班内人员称社首，领头的称老社。社首由全体成年男性村民推举产生，清中叶前，一年选一次，以后改为三年选一次。社首一般由有威望、有文化及有一定经济实力的人担任。社有一定的经济实力，有地产、房产、庙产。

郭峪村虽然几十个姓氏混住在一起，但是仍能在聚落布局中看到血缘因素的影响。村中实力最强、人气最旺的、科第仕宦又兼富商的陈、王、张三大家族各自占据了村中最好的地段（图 4-39）。但是，郭峪村的宗族势力很弱，只有卫姓、范姓和张姓有小小的宗祠，但起不到组织管理作用。与血缘村落中以祠堂为核心不同，作为杂姓村落的郭峪村内有汤帝庙、文庙、白云观、文峰塔、文昌阁、西山庙、土地庙等众多庙宇。

云南省腾冲县和顺乡是明代中原汉族移民为国戍边而形成的。和顺乡先祖由内地迁来，一村多姓，当属地缘村落

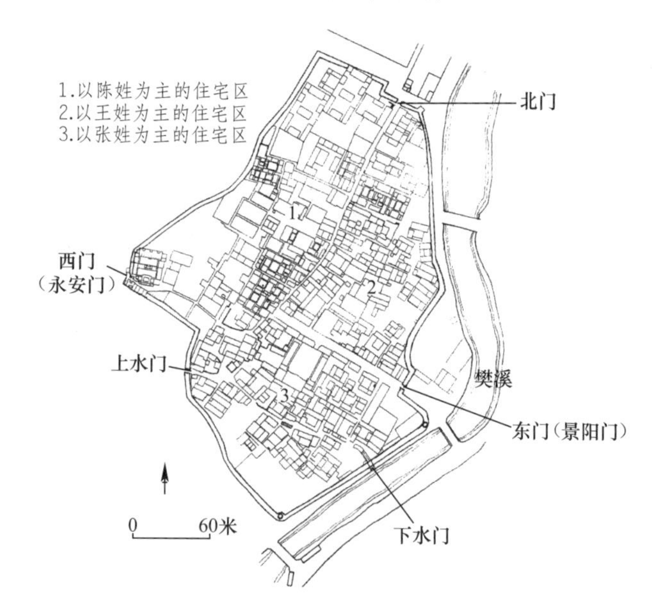

图 4-39　山西郭峪村内居住区划分区

（引自《郭峪村》）

性质，但又保留着“血缘村落”的痕迹，即以一姓为一村落的构成单元。在和顺姓氏单元的社会组织结构中，处处表现出对宗亲血缘和宗法等级制度的遵从。以血缘亲系为基础的宗族体制观念，始终成为维系乡民们和谐共处的纽带。和顺乡传统民居不论聚落格局还是建筑形态都适应着这种姓氏单元的社会组织结构。在这种制度下，和顺巷道大都按姓氏修建，如李家巷、木家巷等。不论贫富，每个巷道都聚居同一姓氏的居民，且巷道都建有别致的入口门坊，带有很强的识别性。由于是多姓村落，故既有宗祠，又有不少庙宇。同姓村落单元的单元中心是宗祠，和顺乡共有寸、刘、李、尹、贾、张、钏、杨八姓的宗庙八座。更高一个层次级的村落中心是庙宇，包括土主庙、中天寺、财神殿、文昌宫、魁星阁等多座。在地缘为主、血缘为辅的村落中，宗祠只是单元性的精神中心，而庙宇才是全村性的精神中心（图 4-40～图 4-44）。

图 4-40　云南腾冲和顺乡李氏祠堂

图 4-41　云南和顺乡文昌宫

图 4-42　云南和顺乡宗祠

图 4-43　云南和顺乡巷道入口门坊（一）

图 4-44　云南和顺乡巷道入口门坊（二）

第四节　公共建筑和场所的空间组织

传统村镇聚落的生产生活内容虽不如城市复杂，以住宅为主，但亦有相应的内容，以及与之相对应的公用建筑和场所，有礼制性公共建筑，也有生产性和生活性的公共建筑，如祠堂、庙宇、书院、文峰塔、牌坊、戏台、商店、作坊、集市、场院、水源地等。每村内容不一，数量不等，各有侧重。同姓族村内的建筑除民居之外，首要的是祠堂。除了特定的宗教庙宇之外，各村落中较多建造的是保护农民收成的社稷之神——土地庙，及守卫本村的战神——关帝庙等。若本村出现为官或经商得意的人才，则立有牌坊，建有义塾。退隐的官僚士人可组建书院，并建设文峰塔、魁星阁等建筑。由于封建社会商品交换不发达，在较大村落中设有定期的集市贸易。具有文化娱乐功能的戏台及广场，在农村中是节日观剧、集会的重要建筑。而一些场院，如苗寨的芦笙坪、侗寨的鼓楼坪等成为民族节日欢歌跳舞的场地。这些公共场所大多位于村落的中心地段，极大地丰富了传统村镇聚落的空间组织。

一、礼制建筑

1. 祠堂

在封建的农业社会里，宗法制度是专制制度的基础，历代统治者都重视和维护宗法制度。宗法制度的主要内容是以血缘关系来维系世人。聚族而居的血缘村落里，宗族是唯一的组织力量，既是最基本的，也是最权威的。宗祠是宗族的象征，可团结整个宗族，成为宗法制度的物质象征，被赋予很重要的意义。因此，村落的礼制建筑中，最重要的是祠堂。由于宗族繁衍、支系分化，所以会形成总祠、支祠多座共存的状况。少则一两个，多的至数十个，它们形成层级系统结构，对村落规划产生极大的影响。

宗祠在血缘村落里处于最核心的地位，它象征着宗族或者家族的经济、社会和政治地位。它的功能很复杂。宗祠的首要用途是供奉祖先的神位，并且按时举行各种祭祀。同时，也常常被用来作为聚会厅、议事厅和法庭，讨论和处理有关宗族的大事，如管理族产、族田收入，调节族内户婚姻、田土的民事案件，以及审判违反族规的族人，成为村落中的办事机构。祠堂也是族人的娱乐活动中心，是族民婚丧嫁娶的仪式举行地，遇有节日，酬神唱戏也在祠堂内举行，因此许多宗祠里还附设戏台，寓教化于娱乐，兼有文化建筑的功能。祠堂是宗族陈列祖宗的牌位之所，某些意义重大的物品如圣旨、祭器、祖先像、族谱等，通常也保存在宗祠中，成为炫耀杰出族人的纪念堂。总之，宗祠是血缘关系的纽带，是血缘村落存在的基础，是血缘村落中最重要的多用途公共建筑。

祠堂是村落中规格最高的公共建筑。大都修建得高大、敞亮、气派，有较大的、适宜的公共活动空间，甚至要造戏台。它的规模比一般住宅大，它的装饰也比其他建筑多而华丽，在造型上亦花样翻新，形式各异，往往成了代表一个村最高建筑技术与艺术的典型（图 4-45～图 4-49）。

图 4-45 福建南靖下版村祠堂

图 4-46 福建南靖下版村祠堂外广场

图 4-47 浙江芙蓉村祠堂

图 4-48 浙江芙蓉村祠堂内戏台

图 4-49 浙江诸葛村雍睦堂

祠堂一般都位于村里重要的位置，往往成为一个村的中心。在南方不少地方，祠堂前面多设水塘。广东东莞市茶山镇南社村在村落中央的水塘两岸排列了16座祠堂，占现有22座祠堂中的72%。它们大多坐北朝南，形象突出，形成了村落的带状中心（图4-50）。

2. 其他祭祀建筑和庙宇

在中国长期的封建社会中，祭祖与祀神成为上自帝王、下至百姓精神生活中的主要内容。祠堂是农村中举行家族祭祀的场所，还有一些类型的祭祀建筑和庙宇承担着其他非家族祭祀。

中国古建筑按建筑的使用性质一般可分为宫殿、坛庙、陵墓、宗教、园林、住宅建筑等几个大类。祭祀天地、祖先的坛庙宗祠，纪念名人的庙堂等属礼制性建筑。宗教建筑主要指佛、道、伊斯兰三教的寺观，但是在广大农村，礼制性建筑与宗教建筑却没有明显的界线。村庙是我国南方农村普遍存在的一类乡土建筑，它反映了古代村落居民的迷信和某种精神追求或寄托，它们与祠堂一起反映了村民们精神生活的需要。

在自然经济的农业社会里，面对各种灾害，古人无计可施，只能求助超自然的力量，于是就强化了对各路神灵的崇拜。这种崇拜的重要方式之一就是为神灵建庙。在实际生活中，人们的需求是多方面的，在生活有了基本保障之后，自然产生各种新的追求，如：保佑身体健康，无病无痛；渴求人丁兴旺，家族兴盛；希望商路顺畅，财源潮涌；祈求金榜题名，功成名就，等等。这些企盼都与神灵

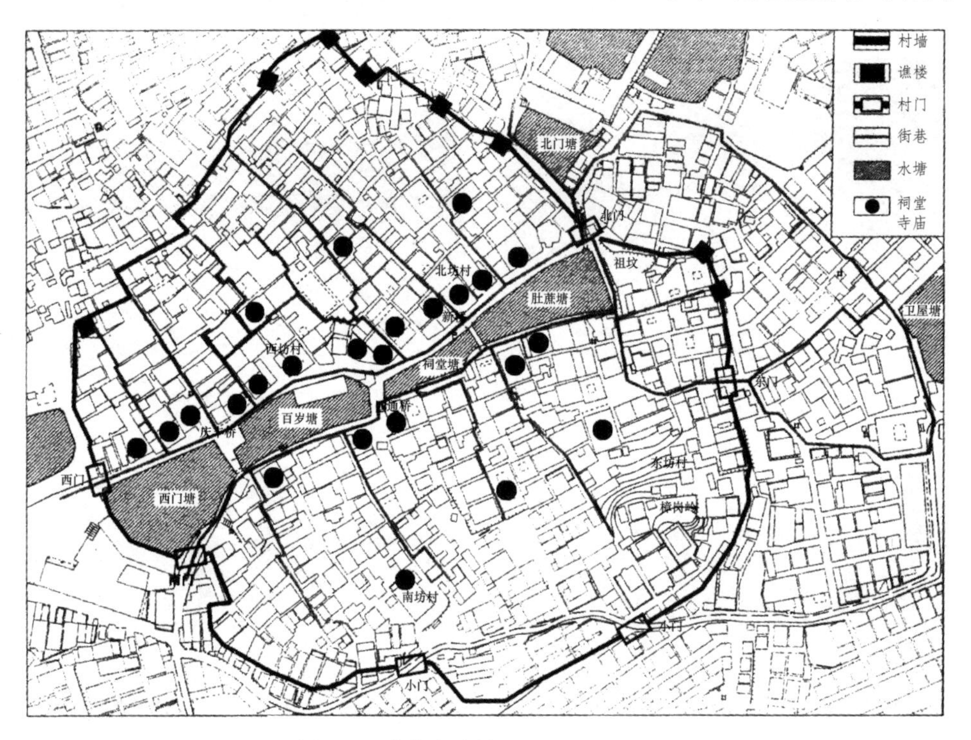

图4-50　广东南社村祠堂、寺庙分布图

（改绘自《南庄村》）

有关。另外，乡民们还急于供奉一些有求必应的、传说中掌管现实生活各个方面的杂神和半神，因此就有了主管生育的观音殿及高谋殿，主治病的药王庙、五瘟神庙、咽喉神庙，主文运的文庙、文昌阁，兼主财运的关帝庙等。除此之外，还有各种职司不明但可能什么事都管的庙宇，如白云观、庵后庙、三大士殿、大王庙等。一切按实际需要向这些神灵磕头烧香。这些神灵有全国范围共祭的，但更多的却是地方性的，有的甚至只属于一个很小的范畴，例如一个宗族或者一个村落。此外，在某些地域还有一些地方性保护神祇为村民们所供奉，如妈祖庙（又称娘娘庙、天后宫等）是渔民、船工的保护神，在沿海、沿河的村镇中常有设置（图 4-51～图 4-55）。

其中土地庙、关帝庙是最常见的庙宇。土地庙一般规模不大，多为三间小殿，但数量不少，在北方，异姓共居的村落建的土地庙尤其多。民居院落往往也利用影壁心设置土地神龛，以保护全家平安。关帝庙所祭对象为关帝（关羽），本是勇武和忠义的化身，后来逐渐成了朝廷和民间共同供奉的神明，他不但具有武功，而且还有掌握人间命禄、助人中科举、驱邪避恶、除灾治病、招财进宝等各方面的法力，成了一位全能的神明。关帝庙在各地都很普遍（图 4-56）。浙江楠溪江苍坡村内有供奉周处的仁济庙。

杂祀并非宗教，没有专门的仪典、经籍和神职人员，更不要求专门的建筑形制。有时为了满足村民百姓多方面的祈求，在一座庙宇中能够供奉多位神明，里面既有观音菩萨又有文昌帝君，既供真武大帝又供关公。

庙宇的选址变化很大。根据风水学说，庙宇不宜造在村子里，所以多建于村

图 4-51　北京古北口镇财神庙

图 4-52　北京长峪城村永兴寺

图 4-53　河北井陉于家村观音阁

图 4-54 澳门妈祖庙（一）

图 4-55 澳门妈祖庙（二）

图 4-56 山西张壁村关帝庙

口或村边不远处。庙宇往往与古树、溪流和广场结伴，所营造的环境则成为村民们娱乐、休憩和谈天说地的好场所。这种泛神论的杂神崇拜，由于贴近乡民们的生活而受到广泛的传播，而这些庙宇也成为乡民们日常生活环境中的一部分。山西省沁水县西文兴村作为一座血缘村落，不但有大量的住宅，有总祠堂和分祠堂，关帝庙和文庙、圣庙，而且还有文昌阁和（魁星阁）、真武阁等多样的公共建筑，并且将它们有秩序地组合在村口（图 4-57）。

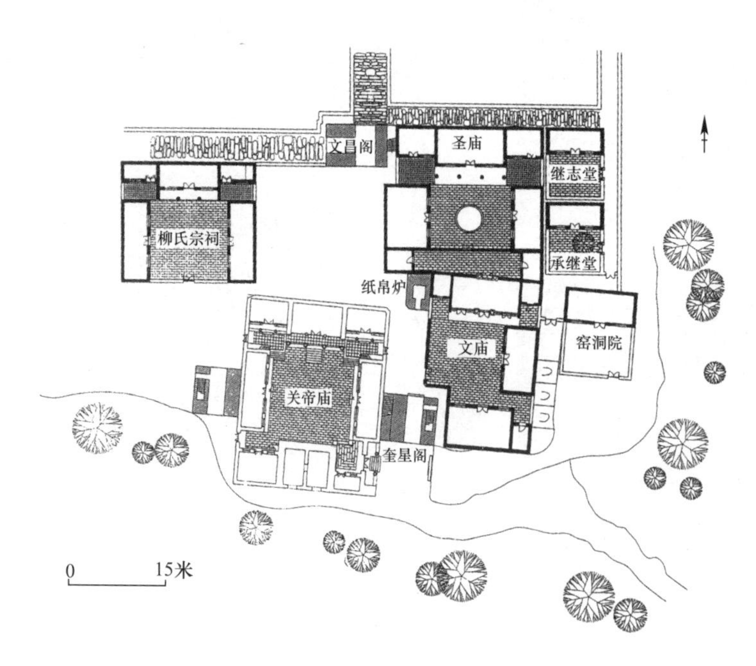

图 4-57 山西沁水西文兴村口平面复原意向图
（引自《西文兴村》）

很多庙宇每年举办一次或两次庙会，届时鼓乐喧天，商贩云集，庙宇也成为村落的文化娱乐中心和集市贸易中心。

作为重要的公共建筑，庙宇大多是村落的建筑艺术重点作品，飞檐翼角，琉璃彩画，丰富了村落和环境的景观风貌，赋予村落以人文气息如山西省介休市张壁村，南门和北门处场建有庙宇群（图 4-58～图 4-64）。

3. 书院

在长期的农业社会里，农村里代表主流文化的乡绅们一贯崇尚耕读传家，耕读生活被认为是有高尚道德价值的人生理想。宗族办学是中国乡村文化，尤其是江南乡村文化的一大特点，有私塾、宗族办的义学、官学堂以及高一级的书院。书院最盛的时期是宋代。

书院即供族人子弟读书及学者讲学之处。在乡土社会中，学校的作用主要有两个：一是读书准备考取功名，二是教化。士农子弟受“耕读”思想的影响，考取功名是其首要的目的；功名不成，自然受到教化。书院是传播儒学正统、捍卫封建宗法制度的基地，也是文人聚会、研习理义的重要场所之一。人们在这里以文会友，切磋读书为学的心得，也常吟诗、泼墨。

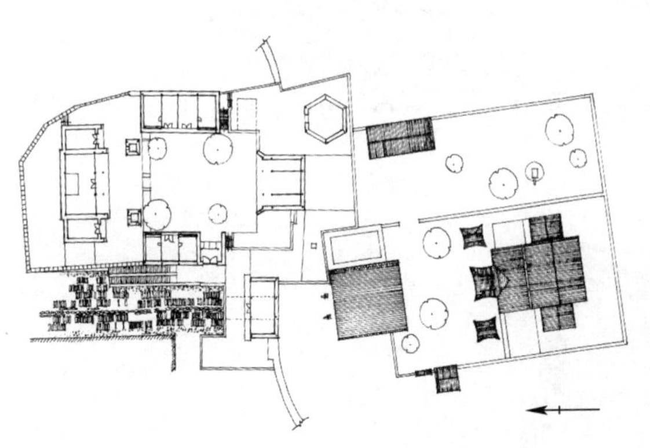

图 4-58　山西张壁村南门建筑群平面
（摹自《张壁村》）

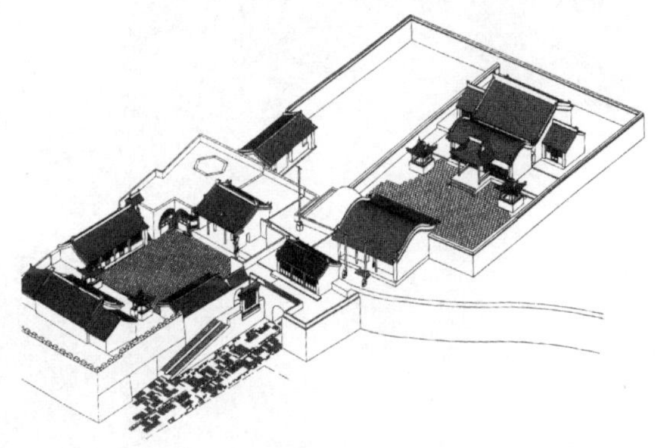

图 4-59　山西张壁村南门建筑群轴测图
（引自《张壁村》）

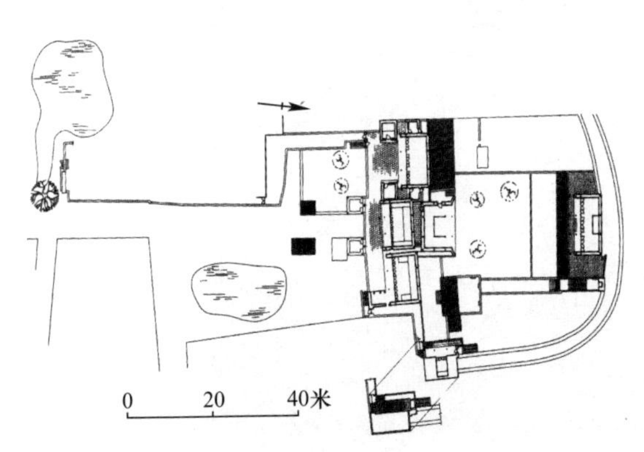

图 4-60　山西张壁村北门建筑群一层平面图
（引自《张壁村》）

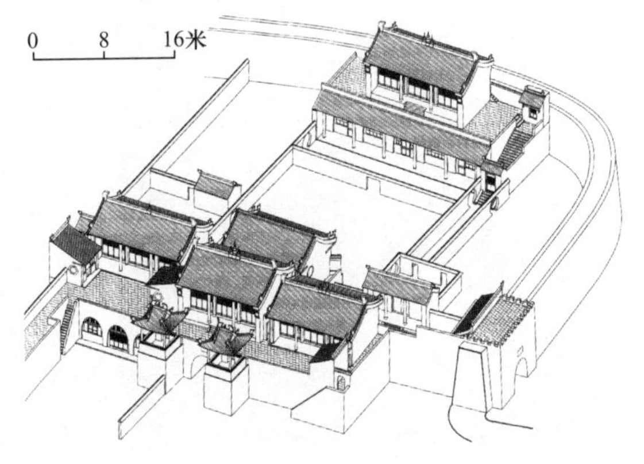

图 4-61　山西张壁村北门建筑群轴测图
（引自《张壁村》）

江西安乐县流坑村有二十几座书院，均由各房派自建，作为私人读书处、讲学所或房派的私塾，培育各房聪俊子弟。房派有儒田，儒租供给书院使用。

书院建筑形制并无定式，多依当代大宅形制建造，有的大型书院兼有文庙作用，可以称为文馆，这样的建筑规模较大，前有照壁或泮池及门屋，中堂为讲坛，后堂供孔子及大儒之像，左右厢房为学子书房（图 4-65～图 4-68）。

4. 文昌阁（魁星阁）及文风塔（文峰塔）

文昌阁（魁星阁）及文风塔（文峰塔）是主文运的信仰建筑，在以耕读为主的农村，这种建筑建造得比较多。

文昌阁（宫）供奉的主神是文昌帝君，民间又称之为文曲星；魁星阁供奉的主神是魁星。这两个名字都可以在道教诸神的名单中找到。

图 4-62　山西张壁村空王殿

文昌帝君是主管功名利禄的神，因此，自隋唐开始举行开科考试以来，文昌帝君就特别受到士人的膜拜。名为膜拜文昌帝君，实为膜拜功名利禄。魁星原称奎星，为天上二十八宿之一，后被古人附会为管人间文运之神，遂改为魁星，各地纷纷建魁星楼、魁星阁以昌文运，阁楼中也供魁星神像（图 4-69～图 4-71）。

图 4-63　山西张壁村北门公共建筑群

图 4-64　山西张壁村南门内通往可罕庙的坡道

这类建筑大多结合风水学说，选址于风景构图的关键之处，高耸的塔体是农村风景画面中的重要景观。

5. 牌坊

牌坊是传播礼制思想的重要纪念建筑。古代朝廷对有贡献的人家采用“旌表门闾”的办法，因此这种门式的表彰纪念物就流传下来，属于纪念性、教化性建筑，而无具体使用功能，用来表彰功德和宣扬封建伦理的道德观念，主要有功名仕宦、节孝贞烈、耆寿硕德三大类。

就形式而论，所有牌坊的最大共同点就是一个可以穿行的门道，它可以建在住宅和祠堂的正面，作为它们的门面，也可以建在村头、旷野、巷间。而为宣示之功用，一般安置在村民聚集和出入的地方，因而村落中的十字路旁、村口、广场附近是最适宜的场所。它作为一座纪念碑，向后人叙述那些千古流芳的故事（图 4-72～图 4-75）。

为了经年耐久，牌坊多为石制，形式有冲天柱式或楼屋式。由于其功能重要，所以造型都极尽人工之能事，精雕细刻并在村落景观中发挥重要作用。其中不乏造型华丽，雕刻精美的艺术品，尤以安徽、浙江两省的佳品为多。例如安徽歙县棠樾村入口处一列七座石坊（其中节孝坊三座、孝子坊两座、义行坊一座、功名坊一座），气势十分恢宏（图 4-76）。

6. 戏台

中国地方剧种甚多，在封建社会，观剧是农民主要的娱乐方式。在南方较大的宗族血缘村落，戏台这类文化建筑常可见到。通过演戏及相关活动，教育后代，并起到娱乐生民的作用。戏台多数附属在祠堂、寺庙内，利用山门的上

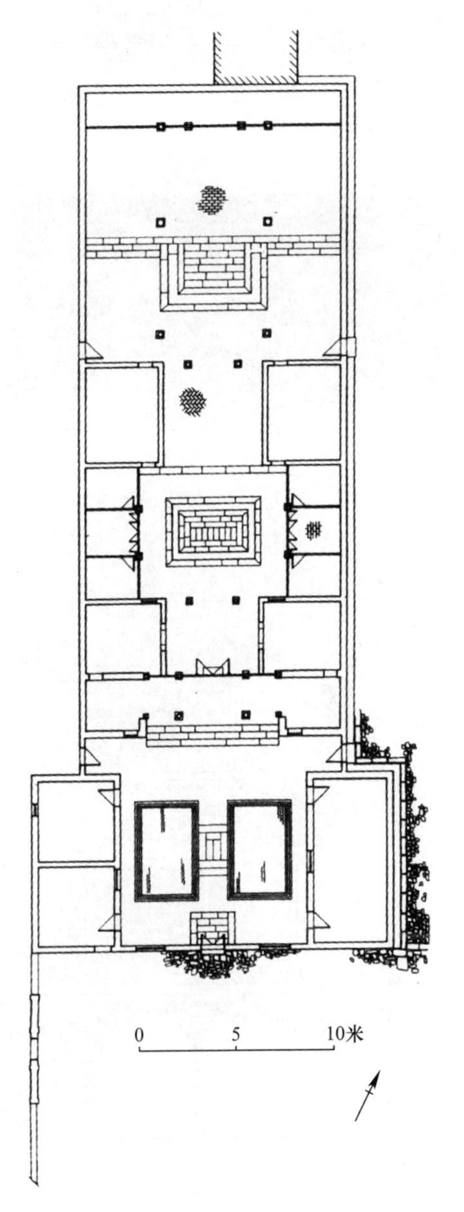

图 4-65　江西流坑村文馆平面

（引自《流坑村》）

图 4-66　浙江岩头村琴山书院泮池

部建成倒座戏台。有一些祠堂戏台建成两面戏台，正面朝向天井院，在院内观剧，而背面朝向祠堂外的广场，供全村人观剧，这种戏台又称“晴雨台”（图 4-77～图 4-81）。

图 4-67　浙江岩头村琴山书院讲堂

图 4-68　浙江芙蓉村芙蓉书院

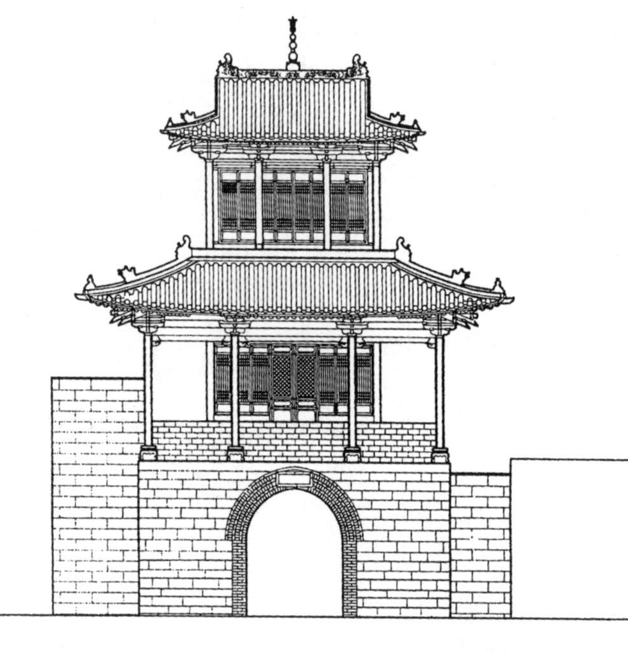

图 4-69　山西沁水西文兴村魁星阁立面复原意向图
（引自《西文兴村》）

图 4-70　山西张壁村魁星楼

图 4-71　陕西党家村文星阁

图 4-72　浙江淳安节孝坊

图 4-73　安徽方氏宗祠石牌坊

图 4-74　安徽西递村牌坊

图 4-75　浙江南浔镇牌坊

图 4-76　安徽棠樾村牌坊

图 4-77　浙江苍坡村戏台

图 4-78　浙江芙蓉村戏台

图 4-79　台湾雾峰林家大宅戏台

图 4-80　浙江岩头村戏台

图 4-81　浙江乌镇戏台

二、商业建筑

在以农业经济为主的封建社会中，商品经济不发达，在广大的传统村镇聚落中商业建筑分布较少。相当多的农村并没有商业建筑，村民的生活用品大多用集市贸易的方法解决。集市可以设在宽阔的道路两侧，也可以设在广场。定日设集，各村轮流。

农村商店、作坊皆是小型的简易建筑，很多是单开间的家庭店坊，所以往往与住宅混为一体。店坊主要为农业生产和日常生活服务，包括杂货店、肉铺、豆腐店、铁匠铺、竹柳陶瓷店（经营绳、筐、扁担、棕麻制品、食具等）等。多为前店（坊）后宅式，或下店（坊）上宅式的两层建筑。当然也有三进院或门面为两开间的店坊，如顾客较多的茶楼等建筑。

北方商店皆为封闭式，与住宅差不多，仅是木门或木格扇面向街道而已，店外有招牌、幌子作为标志（图 4-82）。

山西碛口古镇是纯粹的水陆货运中转站，而晋商的传统规矩是经商不带家眷，所以镇上的所有建筑都用作商业。商业店铺是碛口镇最主要的建筑类型，全镇分布较多，但主要集中在西市街。基本形制是以四合院或三合院为主，即中间是院落，四周建房子将院落围合起来的形式。沿街两侧的店铺在正面开门，不沿街的多以巷子延伸进去在侧面开门。由于沿街店铺是商业用途，所以都是用板门的方式打开，这样就形成了一种开敞的店面空间，有利于商品的流通和吸引更多的顾客。这些店铺设施主要有三种类型。一是做生意的商行店铺。以长兴店为例，该店是以传统的四合院为基本构成要素，用中间的大门和过道将两个院子联系起来，沿街正房作为商铺，后面的窑洞用来储存货物或居住。二是手工业作坊、服务类店铺。服务业和零售业店铺规模较小，大多集中在东市街中街和二道街、三道街，但二道街和三道街已被洪水冲毁，所剩不多。此类建筑一般规模较小，大多为三五间箍窑或更为简单的木结构三开间卷棚硬山顶，店面屋之后是狭小的院子，都是箍窑形式，用作正房、厨房、储存房等。三是为供骡马、骆驼休息的骆驼店之类的运输类建筑。骡马店、骆驼店是碛口镇主要的运输业建筑，主要集中在东市街。此类建筑多为前后两进院，牲口在前院，一般有几排牲口棚，而且两头有门，以至于出进互不干扰。脚夫住在后院（图 4-83）。[1]

南方商店则较丰富，店铺的形式各式各样，归结起来大致有两种类型：排门式和石库门式。排门式为一开间门面的小店沿街而建，进深五六米。店铺多为两

[1] 王金平，杜林霄. 碛口古镇聚落与民居形态初探. 太原理工大学学报，2007（2）.

层，楼上供居住、储藏，下层营业。条件较好的大店，往往有两三进，成前店后坊或前店后宅的格局，凭小天井采光。为展示商品，招揽顾客，门脸做成排门式。即沿街门面为六扇或八扇可卸的木板门，白天全部卸掉，店铺面向街道全部敞开，店内外相隔一个柜台，顾客行走在街上，陈列在店内的商品货物一览无余，商品或手工作业完全公开暴露。如篾器店和箍桶店，工匠们在店面里操作，往来的人不必进店，就能看到产品及制作过程。这种形式在长江以南广大地区很常见（图4-84、图4-85）。另一种是石库门式，其实就是封闭的住宅式样。两进三进较多，临街一进大多是三间两搭厢，后进为作坊或住宅。也有一进的小店，宅、坊不分，混做一体，四周砖墙高耸，只留一个大门供顾客入院进天井，在堂屋设柜台购物。形成这种店铺的原因，一种是由传统习惯决定，或者本来就是住宅，后来改为铺面；另外一种是由店铺经营的内容和管理需要决定的，如当铺、票号、药店、轿行等。

图4-82　山西平遥商铺内院

图4-83　山西碛口镇店铺

图4-84　浙江乌镇商业街

图4-85　浙江乌镇商业店铺

南方气候温和，村镇分布较为密集，有些村镇逐渐形成商业街。例如浙江兰溪市诸葛村村西的大道从原来纯粹的交通线发展为商业街。初期只有一面有店铺，还多是利用原有的住宅，随即有了农历每月初一、十五的集市，成了半径十里范围内最大的商业中心。清代初期，一些大户人家便在高隆市附近的空地上另行建起住宅，而将沿街原有的经商住宅彻底辟为店铺，有些还将住宅前脸改造为排门，单面店铺的街道逐渐变成了两面店铺的商业街（图 4-86、图 4-87）。商业街的铺面房前皆有宽阔的檐廊，宽者达 4 米左右，在廊内设摊，不仅可遮阳避雨，同时也不妨碍行人走路。这种两侧为檐廊的商业街是南方集镇的特色（图 4-88）。

图 4-86　浙江诸葛村环塘商业街

图 4-87　浙江诸葛村商铺

图 4-88　浙江岩头村沿河檐廊商业街

第五章

传统村镇的空间形态

传统村镇是在长期历史演变和文化沉积的基础上逐步形成和发展的。它根植于农业文明，其村镇选址、布局、街道和广场的设计等均具有丰富的文化内涵，极富人情味和地方特色。传统村镇聚落的空间形态并非一朝而成，而是在保持原有骨架的基础上，不断更新演变而来。在传统聚落空间形态要素中，主要街巷、道路、集会场所、公共建筑物、纪念性地标等是主要的构成元素。

第一节　传统村镇空间形态构成

一、传统村镇空间形态特点

传统村镇聚落的形制没有固定的模式，多是通过聚落有机体内的要素不断协调自然生长起来的，总体布局较为自由、随机。传统村镇聚落的发展都是围绕着街道、广场、公共建筑等公共空间有机地进行的。聚落多采用小尺度体系，呈现出一种宽松舒适的性格。街巷的方向感来自当地特有的地形坡度、水系。住宅在外观上大都形态相近，沿着街巷、水道线性展开。村落中的建筑形式都基于围合形式布局，中间形成庭院或天井，成为家庭日常生活的中心。街巷与院落自然生成，构成多样的公共场所，彼此相互渗透交织。

院落是村镇聚落空间形态的基本组成单位。院落是中国传统农业和封建伦理影响下的家庭建筑，主要的模式为合院式，依不同的环境和条件，主要表现为三合院、四合院、天井式合院等方式。单体建筑以内院或天井为连接点，以厅堂为主轴线，形成纵深的院落，院落按中轴线纵深展开，规模层次可以为一进院或多进院。还可以水平重复展开，称为跨院。由于空间布局的特点，在院中就形成了不同层次和尺度的开敞和封闭空间的组合。

院落群相互结合构成村镇聚落的空间形态。即由许多个以相似方法建造的合院建筑作为村落基本单元，依据特定的人文因素（如宗族、伦理、风水观念等）及自然条件（如地形、水系等）在场地上逐渐扩充，组成复杂组合体，构成聚落空间形态的基础。

院落群沿着街巷，并围绕着公共建筑、广场等公共空间逐渐发展，形成聚落。祠堂往往作为标志性建筑而构成空间形态的核心。街巷空间与宅院、庭园、广场、集市、码头等社会生活场所联系非常紧密，这些公共空间分散各处，与丰富多样的社会生活场所融合在一起，极大地满足了社会生活多样化的需求，也给街巷空间带来了浓厚的生活气息和旺盛的生命力。

传统村镇聚落空间形态具有如下特征：空间形态灵活而多样；依托祠堂、寺庙建筑等形成标志性和象征性空间；空间流通，由牌坊、照壁等小品形成围而不堵的效果；尺度适当，景观丰富，利于步行。

在村镇中，街道及广场空间构成聚落中重要的外部空间，它与民居的实体形态具有图形反转性，体现了传统村镇极富变化的空间形态（图 5-1）。

由于受到外界客观因素的制约，传统村镇形成了协调自然环境、社会结构与乡民生活的居住环境，体现出结合地方条件与自然共生的建造思想。它们结合地形、节约用地、考虑气候条件、节约能源、注重环境生态及景观塑造，运用手工技艺、当地材料及地方化的建造方式，以最小的花费塑造极具居住质量的聚居场

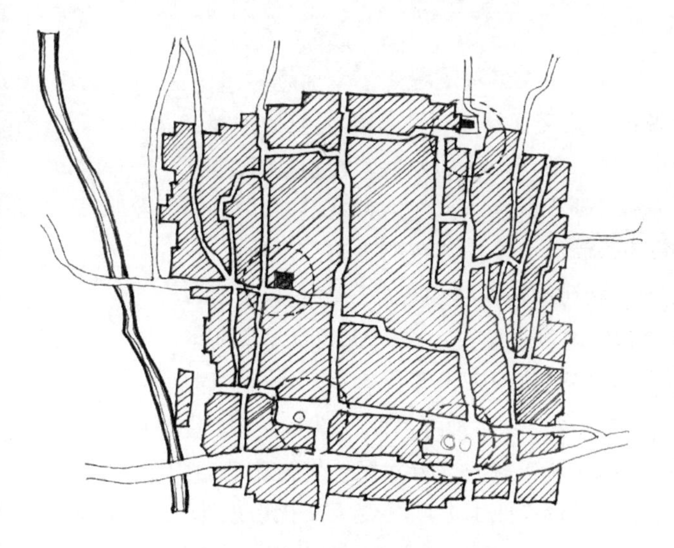

图 5-1　云南大理周城镇图底关系图
（摹自《传统村镇实体环境设计》）

地，形成自然朴实的建筑风格，体现了人与自然的和谐景象。可以说，因地制宜、顺应自然是传统村镇空间营造的一个主导思想。

聚落屋顶组合而成的天际轮廓线，民居单体细胞组合成的团组结构，以街、巷、路为骨架构成的丰富的内向型空间结构，通过路的转折、收放，水塘、井台等地形地貌形成的亲切自然的交往空间，无不体现出自然的结构形态。传统村镇街道和广场更是创造了多义的空间功能、尺度宜人的空间结构、丰富的景观序列和结合自然的空间变化。

二、传统村镇街道

街道是村镇形态的骨骼和支撑，是村镇空间的重要组成部分，但它从不单独存在，而是伴随着村镇的建筑和四周的环境而共存。它根据人们行走交通的需要并结合地形特征，构成了主次分明、纵横有序的村镇交通空间。次要街巷沿主要街道的两侧或村镇中心地带向四周扩展延伸，至每幢建筑或院落的门口处。就像一片树叶的叶脉那样，主脉牵连着条条支脉，支脉又牵连着每一个叶片细胞。村镇的街巷联系着村镇中的每一栋建筑、广场以及村镇中的各组成部分，影响着它们的布局、方位和形式，并使村镇生活井然有序、充满活力。街巷延伸到哪里，村镇建筑及公用设施也会到哪里。村镇街巷起到了村镇形体的骨架作用，其现状及发展都将决定着村镇形态的现在和未来。

云南腾冲和顺乡街巷纵横，相互交错。村落大体格局为“东西两小块，南边一大块”，路网呈鱼骨形，主要道路有两条，一条位于村北沿大盈河的环状主干道，是联系村落东、西、南走向的交通干道，所有南向的街巷与之“丁”字相交。另外一条位于村南，是生活干道，类似城市的商业步行街，所有北向的道路也与之“丁”字相交。两条干道大体与河流平行，且之间有若干次干道相连。和顺传统聚落在发展演变过程中，大体沿道路骨架呈东西向展开。月台、洗衣亭、宗祠、寺庙、道观等要素起着良好的联系作用（图 5-2）。[1]

三、传统村镇广场

由于中国传统文化中更多地体现出内敛的特点，在传统村镇中作为公共活动

[1] 童志勇，李晓丹. 传统边地聚落生态适应性研究及启示——解读云南和顺乡. 新建筑，2006(4).

场所的广场多是自发形成的。

我国农村由于长期处于以自给自足为特点的小农经济支配之下，加之封建礼教、宗教、血缘等关系的束缚，总的来说，公共交往活动并不受到人们的重视。反映在聚落形态中，严格意义上的广场并不多。随着经济的发展，特别是手工业的兴旺，商品交换逐渐成为人们生活中所不可缺少的需求。在这种情况下，某些富庶的地区如江南一带，便相继出现了一些以商品交换为特色的集市。这种集市开始时出现在某些大的集镇，后来才逐渐扩散到比较偏僻的农村。与此相适应，一部分村镇在路边、桥头、村口等交通便利的地方，设置一个固定的贸易场所，便形成以商品交换为主要内容的集市广场，主要是依附于街巷或建筑，成为它们的一部分。广场的外围建筑一般是茶楼、酒楼、澡堂、店铺等商业及服务业建筑。在江南水乡，热闹的集市附近或村镇入口处，往往扩展一部分水面，作为流动船只或停泊船只之用。较大的村镇还常建有水上戏台，使水上广场变为文化娱乐性场所。

村镇广场作为公共活动场所，既是道路空间车流、人流的大型集散点，又常常辅以牌坊、市楼等公共性建筑，构成聚落空间的景观节点。这一类广场在布局上表现出极大的随机性和丰富多彩的变化（图 5-3）。

广场空间可能是街巷与建筑的围合空间，可能是街巷局部的扩张空间，也可能是街巷交叉处的汇集空间，它位于道路的拐点、交叉点或端点，在道路空间中占据着视觉转换的节点。传统村镇常以此构建成广场类的公共活动场所，从而形成交通广场。如陆上交通的五叉、三叉、十字路口及巷子的转折点，常有一个小广场作为交通缓冲和人群流动的停留处，这种广场大多是从交通功能出发自然形成的，是因地制宜、利用剩余空间的结果，所以占地面积大小不一，形状灵活自由，边界模糊不清（图 5-4）。

从构成的角度看，广场可以被看作村镇空间节点的一种，主要是用来进行公共交往活动的场所。在传统村镇中的广场承担着宗教集会、商业贸易和日常生活

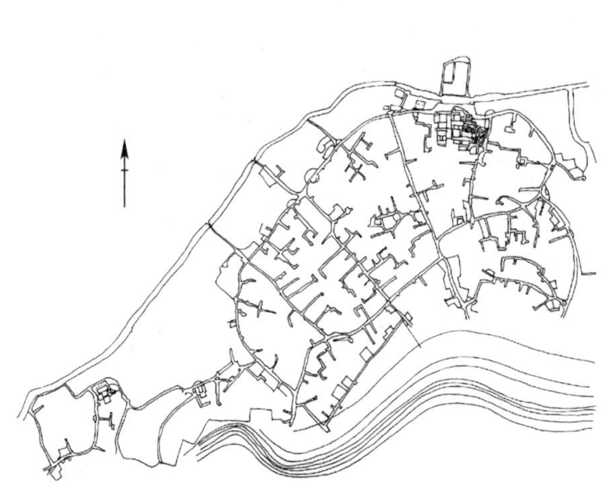

图 5-2　云南和顺乡平面结构图

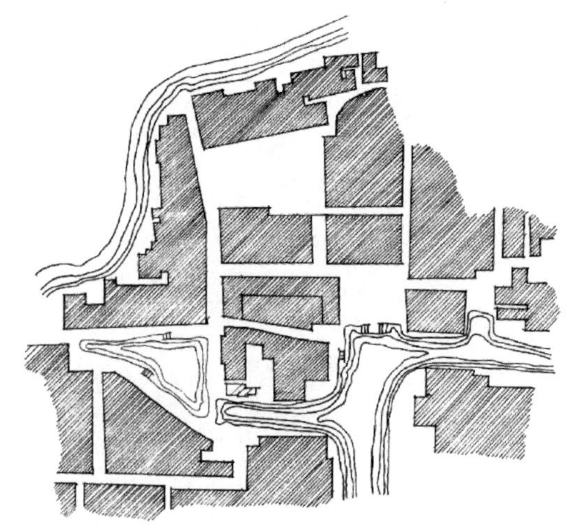

图 5-3　浙江靳县梅墟镇广场

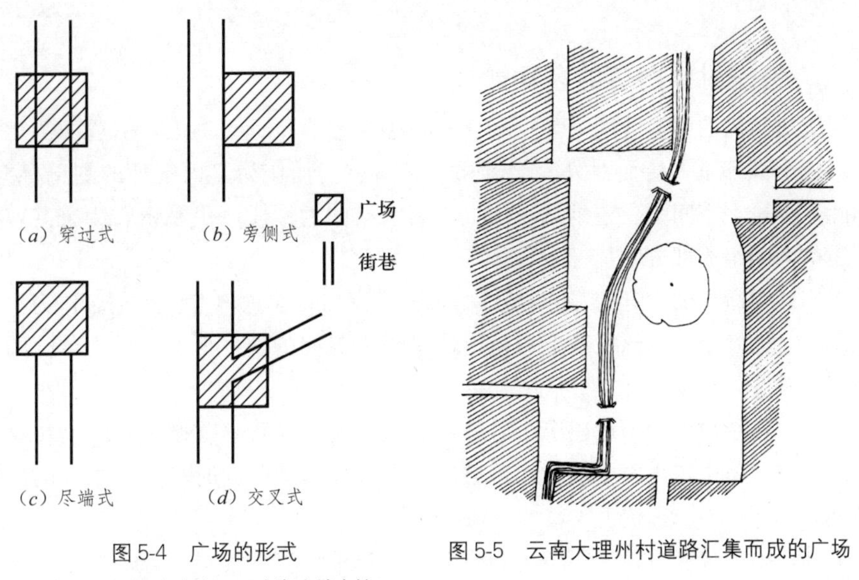

图 5-4　广场的形式
（摹自《城镇空间解析——太湖流域古镇空间结构与形态》）

图 5-5　云南大理州村道路汇集而成的广场

聚会等功能，大多都具有多功能的性质。一般情况下作为村镇公共建筑的扩展，通过与道路空间的融合而存在，成为村镇中居民活动的中心场所；若与井边小空间相结合则往往成为公共空间与私人空间的过渡，起到使住宅边界柔和的作用。对于某些村镇来讲，广场的功能还不限于宗教祭祀、公共交往以及商品交易等活动，而且还要起到交通枢纽的作用。特别是对于规模较大、布局紧凑的某些村镇来讲，由于以街巷空间交织成的交通网络比较复杂，如果遇到几条路口汇集于一处时，便自然而然地形成了一个广场，并以它作为全村的交通枢纽（图 5-5）。

第二节　公共空间的多功能性

传统村镇是一定意义上的功能综合体，其空间意义也是多层次的。人通过感知空间要素的意义而形成一定的空间感受，传统村镇空间形态及其内涵的丰富性导致了空间感受的复合性和多义性。从限定方式上来讲，空间之间限定方式的多样性使得空间相互交流较多，进一步丰富了空间感受；从功能上说，复合空间具有多种用途，进一步丰富了空间的层次。

从传统村镇中街道和广场空间的处理形式来看，可以发现许多空间并不具有清晰明确的空间边界和形式，很难说明它起始与结束的界线在哪里。有一些空间是由其他一些空间相互接合、包容而成，包含了不止一种的空间功能，本身即是一种多义的复合空间。

一、传统村镇街道的多功能性

传统村镇内的商业性街道是一种比较典型的复合空间。白天，街道两侧店铺的木门板全部卸下，店面对外完全开敞。虽然有门槛作为室内室外的划分标志，但实际上无论在空间上，还是从视线上，店内空间的性质已由私密转为公共，成为街道空间的组成部分(图 5-6)。

人们通常所说的“逛街”，就是用街来指代商店，在意识上已经把店作为了街的一部分。而晚上，木门板装上后，街道呈现出封闭的线性形态，成为单纯的交通空间（图 5-7）。

同时，传统村镇的街道还作为居民从事家务的场所，只要搬个凳子坐在家门口的屋檐下，就限定出一小块半私用空间，在家务活动的同时与周围来往的居民和谐共处，还可参与街道上丰富的交往活动。

另外，南方许多村镇的街道上都有骑楼、廊棚，有些连成了片，下雨天人们在街上走都不用带伞，十分方便舒适。骑楼及廊棚下空间是一种复合空间的典型代表，具有半室内的空间性质，实际上有很多人家也正是将这里作为自己家的延续，在廊下做家务、进行交往，使公共的街道带有十分强烈的私用感（图 5-8、图 5-9）。

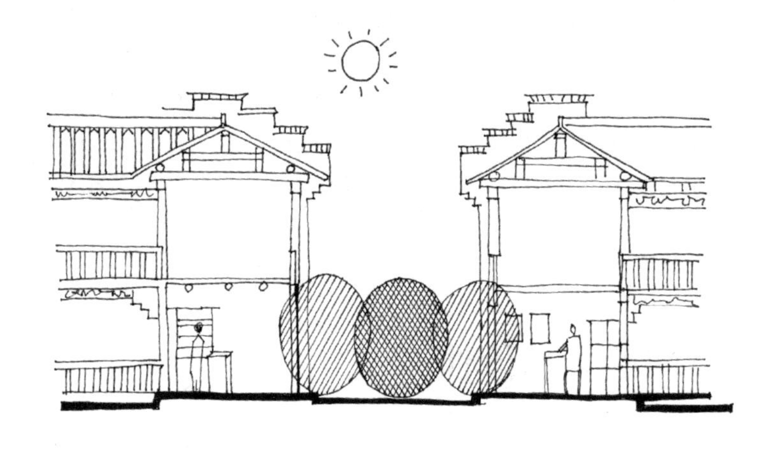

图 5-6　商业街道的复合空间（白天）
（改绘自《传统村镇实体环境设计》）

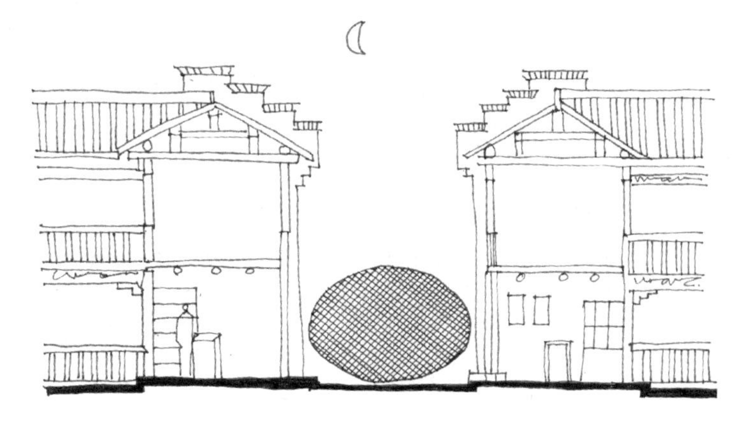

图 5-7　商业街道的复合空间（夜晚）
（改绘自《传统村镇实体环境设计》）

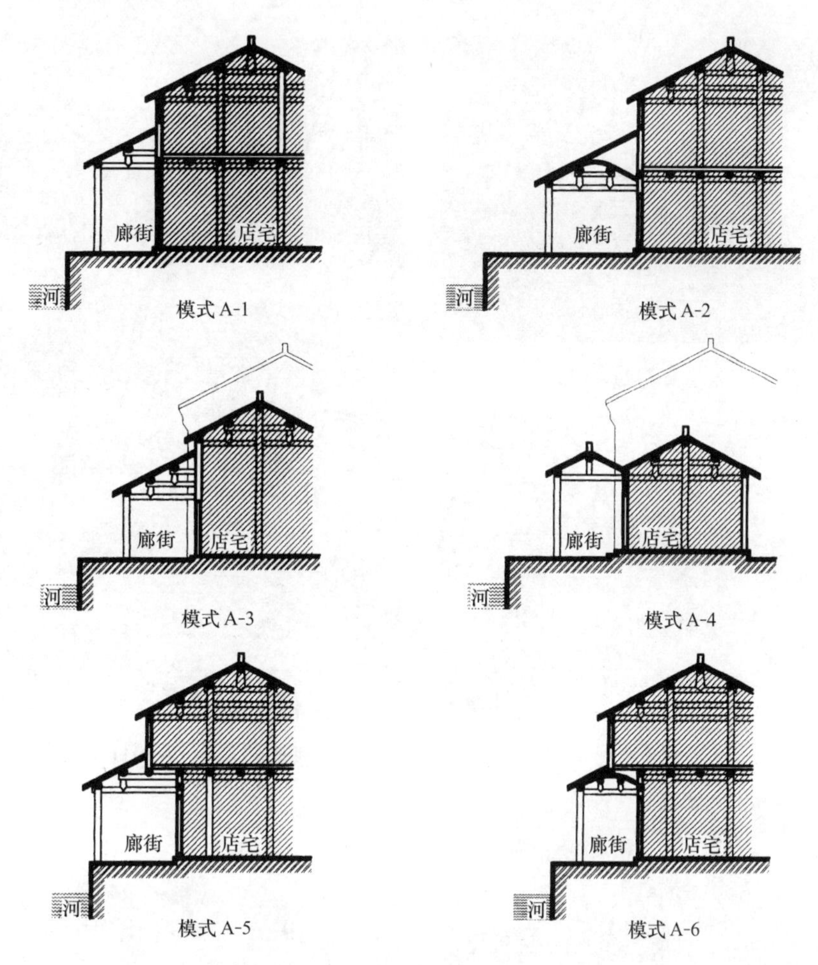

图 5-8　骑楼及廊棚下空间

（引自《城镇空间解析——太湖流域古镇空间结构与形态》）

二、传统村镇广场的多功能性

传统村镇中除了主要街道外，在村头街巷交接处或居住群组之间，分布着大小不等的广场，构成村镇中的主要空间节点。广场往往是村镇中公共建筑外部空间的扩展，并与街道空间融为一体，构成有一定容量的多功能性外延公共空间，承担着固有的性质和特征。

广场一般面积不大，多为因地制宜地自发形成，呈不对称形式，很少是规则的几何图形。曲折的道路由角落进入广场，周围建筑依性质不同或敞向广场或以封闭的墙面避开广场的喧嚣。规模不大的村镇，只有一两处广场，平时作为成人交往、老人休息、儿童游戏的地方，节日在这里聚会、赛歌，具有多功能性质。

在缺乏大型公共建筑的村镇中，村中的较大场坝便成为村民意象中的中心。它们不一定居于村的中心位置，也可能不被建筑围合，多数是开敞式的，一面临村，视野开阔，场坝的一隅常群植或孤植高大的风水树，不但可蔽日，而且起到标志作用（图 5-10～图 5-12）。

图 5-9　浙江南浔镇沿河廊棚

图 5-10　福建南靖村口广场

图 5-11　浙江芹川村风水树

图 5-12　福建南靖溪边广场

图 5-13　浙江芙蓉村芙蓉池广场

在村镇中一些重要的公共建筑和标志物周围，大都设有广场，承担着多种功能，如戏台广场、庙前广场公共池塘前广场等。家族的祠堂前也设有广场，形成村镇的中心（图 5-13）。

例如，土家族地区的中心村镇设摆手堂，堂前有较宽阔的场坝，这是一种与村镇公共建筑有密切关系的广场。又如，皖南青阳县九华山为我国四大佛教名山之一。山上居民大部分信佛并从事经营佛教用品、土特商品和开设旅馆、饭店以接待香客食宿的工作。他们将佛教活动作为信仰和生活的依托。山上九华街广场位于居民区的中心，是主要寺院——化城寺寺前广场的扩展，四周由饭店、酒楼等一些商业建筑围合。广场中有放生池、旗杆、塔等，其中部地坪高于两侧街道，呈现一种台地式构成。这一广场充分将宗教性、商业性和生活性结合起来（图 5-14、图 5-15）。

在自然经济的农业社会，由于公共生活不发达，有的村落全村只有一个公共

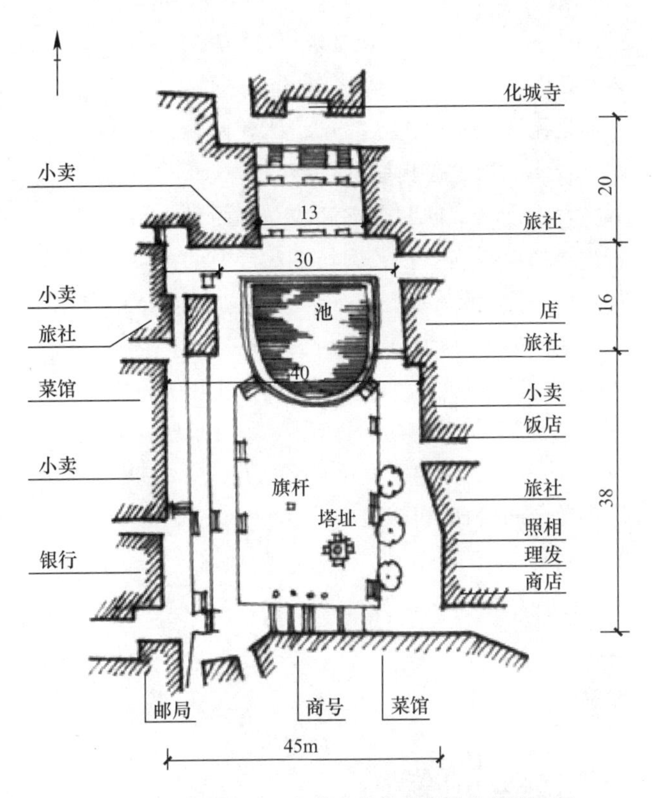

图 5-14　安徽青阳县九华山化城寺寺前广场平面图
（摹自《传统村镇实体环境设计》）

图 5-15　安徽青阳县九华山化城寺寺前广场

中心。浙江省建德市新叶村在有序堂和它西侧的永锡堂前形成比较大的梯形空地，长 70.8 米，东端宽 5.5 米，西端宽 2.4 米，位于南塘的南岸，北望道峰山，视野宽阔。这块空地是每年新叶村举行庙会时的主要活动场所。到时候，要从寺庙中请来关帝等神像到这里巡行，并接受隆重的礼拜。乡土艺人在这里演出，小商贩在这里摆摊，这是方圆几十公里一年一度最大的盛会，男女老少们远道赶来，非常热闹。村里有红白喜事，也都有一些仪式要在这里举行。每逢村中庆祝六十岁以上的老人大寿，要在水塘内漂放荷花灯。这个全村唯一的公共中心，是全村景观最开阔、最有生气、最多变化也最完整的地方（图 5-16）。[1]

云南省腾冲和顺乡在聚落的每一次拓展中，新生的街巷与村北干道相交的丁字路口处，都要设置月台。作为村落的公共广场月台的设置，一是先人们依据传统风水理念认为，月台能藏风纳气，为村落带来生机，世代繁盛。二是因当地日照充沛、气候温和，村民喜爱户外活动、喜交往，月台作为极富人情味的公共活动场所应运而生，同时也营造了浓郁的地方文化氛围。另外，商业街相交处的丁字路口形成开放的节点空间，每处都会设立集市。大盈河河边的洗衣亭平常作为村民淘米洗衣之用，也成为户外交往场所之一（图 5-17～图 5-20）。

商业性广场更是多与街道相结合，即在主要街道相交汇的地方，稍稍扩展街道空间从而形成广场。由于街道和巷道空间均为封闭、狭长的带状线性空间，人们很难从中获得任何开敞或舒展的感觉，而一旦穿过街巷来到广场时，尽管它本身并不十分开阔，但也可借对比作用而产生豁然开朗的感觉。

四川犍为县罗城镇是始建于明末，形成于清代的商业型村镇。古镇坐落在椭圆形

[1] 陈志华，楼庆西，李秋香．新叶村．石家庄：河北教育出版社，2003：35.

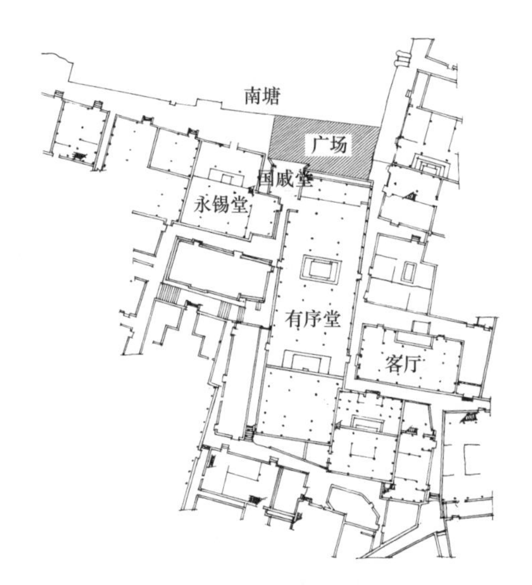

图 5-16 浙江新叶村祠堂前广场

（改绘自《新叶村》）

的小山丘上。全长 2000 多米，宽约 650 米。镇中心广场与街道完全融合为一体，平面呈梳形，即中间宽，约 9.5 米，两端窄，仅 1.8 米。两侧均由弧形的建筑所界定，中间宽，向两端逐渐收缩，而且中部靠西端设立戏台及牌坊。戏台前的街道广场随地势做成阶梯状，每 10 米升高一台，一台为两步阶（约 0.5～0.6 米），这样便成为天然的观剧场所。主街两侧的商店前面各有一排长约 200 米，宽约 5～6 米的廊棚，当地人称之为“凉厅子”，临时摊贩可以在此设摊做生意，行人可穿行于敞廊下。晴天遮蔽烈日，雨天避风挡雨（图 5-21～图 5-23）。

图 5-17 云南和顺乡月台（一）

图 5-18 云南和顺乡月台（二）

图 5-19 云南和顺乡洗衣亭（一）

图 5-20 云南和顺乡洗衣亭（二）

总之，传统村镇的总体空间形态表现出因自然生长、发展而产生的功能混合、无明确分区的特点。村镇的空间区域主要有街道、广场、寺庙、住宅等，但少有界限分明的情况出现，各功能区

图 5-21　四川犍为罗城镇剖面图
（引自《中国民居研究》）

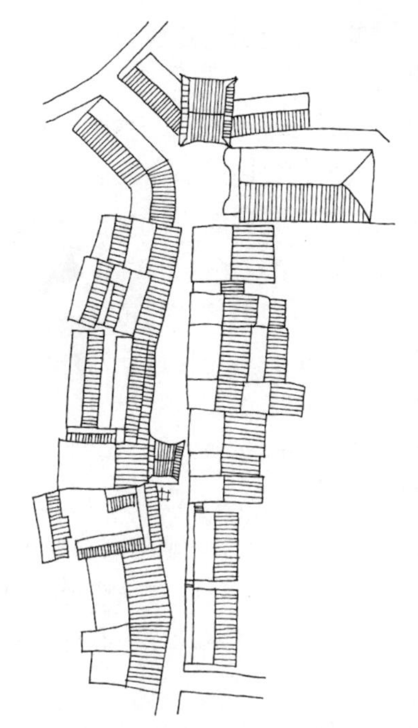

图 5-22　四川犍为罗城镇平面
（摹自《中国民居研究》）

图 5-23　四川犍为罗城镇鸟瞰图
（引自《中国民居研究》）

域之间有机结合，你中有我，我中有你，街道中常常插进几幢住宅，寺庙边往往是村镇内最热闹的商业区，街道的节点就是广场，这就使得传统村镇中的空间感受格外丰富多变。

第三节　公共空间的空间尺度

传统村镇中的街道和广场空间组成了适宜不同功能的空间结构序列，尺度不同，富于空间变化。

村镇街道密布整个聚落，是主要的交通空间。这个网络由主要街道、次要街道、巷、弄等逐级构成。就像人体的各种血管将血液送到各种组织细胞一样，街巷最基本的功能是保证居民能够进入各个居住单元。街巷节点是街巷空间发生交汇、转折、分岔等转化的结果。因为节点的存在，才使各段街巷联结在一起，构成完整的街巷网，将街巷的各种形态——树形、回路、盲端等统一成整体，而在放大的街巷节点处形成了广场。

一、传统村镇中的广场空间尺度

传统村镇中的广场因要承担着人们聚集活动的功能，因此是村镇聚落中尺度较大的空间，包括入口广场、庙会集市广场、生活广场、街巷节点广场等几种广场形式。

对于大型村镇，入口广场大多结合牌坊、照壁、商业街等形成相对开阔的空间，是人流集散的空间（图 5-24）。

庙会集市广场是定期或不定期集市贸易的场所，一般与寺庙、桥头、农贸市场等空间紧密结合。例如上海朱家角镇地处江南水乡，三国时期便形成了稳定的村落集市，自明朝万历年间以来商贾云集，百业兴旺。其城隍庙以戏台为中心的空间和庙前的桥头空间共同组成了远近闻名的朱家角庙市广场（图 5-25）。

生活广场也在村镇空间中发挥重要的作用。在南方很多传统村镇聚落中，水塘起着日常洗涤、防灾、改善小气候等诸多作用，周围大多会形成生活广场。从各家各户闭塞的、小小的天井走出来，经过深沟一样夹在连续不断的高墙缝隙里的阴暗街巷，来到水塘边的广场处，空间忽然宽阔，光线忽然明亮，感觉的变化十分强烈。这些生活广场大大改善了聚落的环境和景观（图 5-26、5-27）。安徽黟县宏村的“月塘”广场，中部为水塘，周围是妇女洗衣、洗菜、聚集交谈的场所。广场长 50 余米，宽 30 余米，与周围街巷的连接以拱门界定，四周具有清晰的硬质界面，两侧立面高度在 7 米左右，形成 1∶4.5～1∶7 的广场比例，有良好的围合感和广场景观（图 5-28～图 5-30）。

街巷节点广场也是居民的交通广场，是石桥、街道、巷弄等互相交错和联系的空间，可供行人驻足休息（图 5-31）。

二、传统村镇中的街道空间尺度

为适宜村镇街道的不同功能要求，街道的空间尺度也不尽相同。

图 5-24　云南和顺乡入口广场

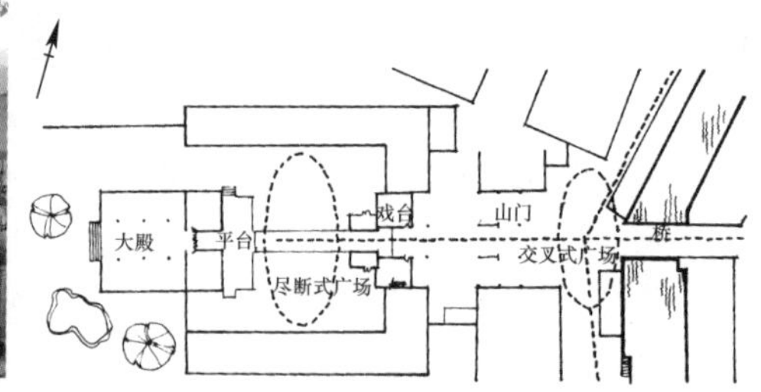

图 5-25　上海朱家角镇庙前广场

（摹自《城镇空间解析——太湖流域古镇空间结构与形态》）

图 5-26　浙江诸葛村钟池前广场（一）

图 5-27　浙江诸葛村钟池前广场（二）

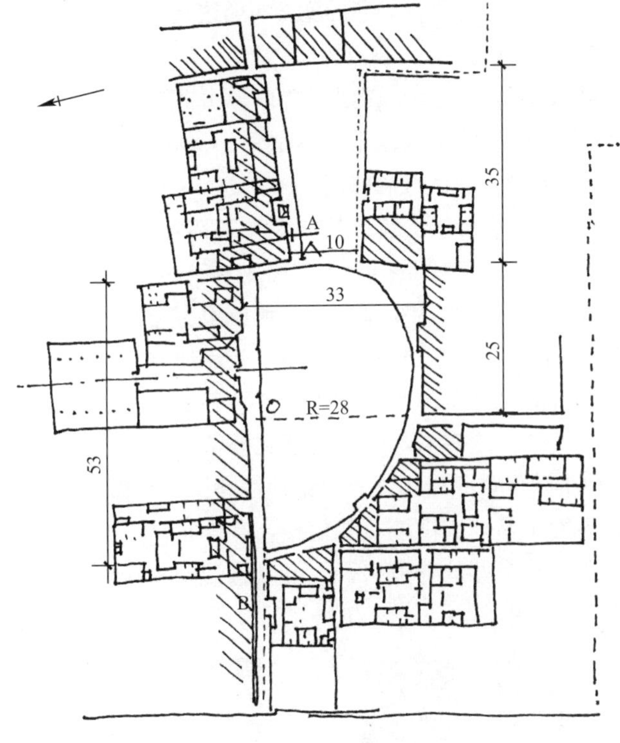

图 5-28　安徽宏村月塘平面图
（改绘自《传统村镇实体环境设计》）

图 5-29　安徽宏村月塘（一）

图 5-30　安徽宏村月塘（二）

在大型村镇中，街区内的道路系统可分为三等级：①主要街道，宽 4～6 米；②次要街道，宽 3～5 米；③巷道，宽 2～4 米。

在湘西村镇中，街一般是村镇的主要道路，两侧由店铺或住宅围合，成为封闭的线型空间。街道宽度与两边建筑高度之比，一般小于 1，尺度亲切宜人。巷是比街还窄的村镇邻里通道，两侧

图 5-31　云南和顺乡街巷节点广场

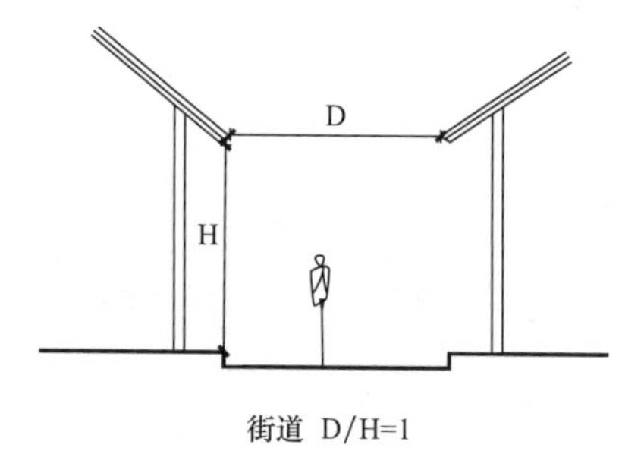

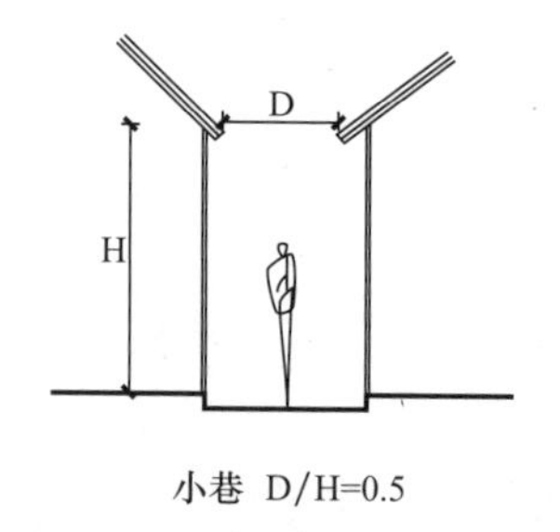

图 5-32 不同等级街道的空间尺度

多以住宅的院墙围合，两端通畅，与街相接，也有死胡同。如果说街是村镇的交通通道和村民进行购物、交往、集会等活动的热闹场所，那么巷则是安静的，是邻里彼此联系的纽带；如果街具有公共性质，那么巷则具有私密的生活性质。巷的宽度与两边建筑高度之比在 0.5 左右，给人以安定、亲切的感受（图 5-32）。

在皖南传统村落中，街巷空间幽深、宁静且丰富多变。村落建筑群体多由曲折的巷道分割或相通，巷道的宽度一般仅达建筑层高的 1/5 左右，少数还不到。因此，形成了别具特色的深街幽巷，显得宁静、安详，生活气息浓厚（图 5-33）。

西递的巷道大体分为两个级别：主巷道和次要巷道。主巷道是交通性道路，如大路街、前边溪街、后边溪街，其两旁是公共建筑（主要是祠堂）和商业建筑。主巷道的宽高比在 1∶3～1∶5，遇到祠堂的正门就会放大成小型广场，形成聚会场所。次要巷道有两种类型。①祠堂两旁的备弄，宽高比往往在 1∶8～1∶10，通常两旁是高耸的石墙面，有的是纯粹的院墙，有的是建筑的封火山墙。这种巷道往往很直，长度就是两侧几进宅院的长度，宽度在 1 米左右，给人的感觉非常威严，有压迫感，即使在阳光灿烂的日子，这种小弄里也相当阴郁。②生活性巷道，高宽比介于主巷道与备弄之间，巷道曲折，界面丰富，有高墙石雕门楼，有镂花石窗院墙，也有简单的厨房、后院出入口。在 2 米多宽的巷道中，人可以感受到光影的变化和闲适的生活气息（图 5-34、图 5-35）。❶

图 5-33 安徽宏村巷道

图 5-34 安徽西递巷道（一）

图 5-35 安徽西递巷道（二）

❶ 段进. 世界文化遗产西递古村落空间解析. 南京：东南大学出版社，2006.

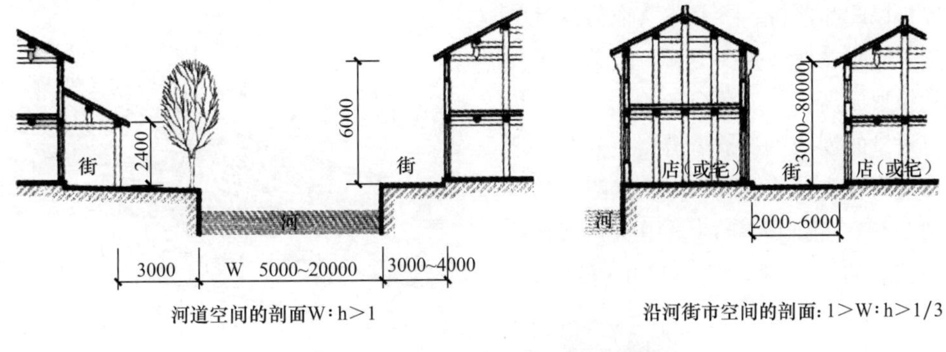

河道空间的剖面W∶h>1　　沿河街市空间的剖面：1>W∶h>1/3

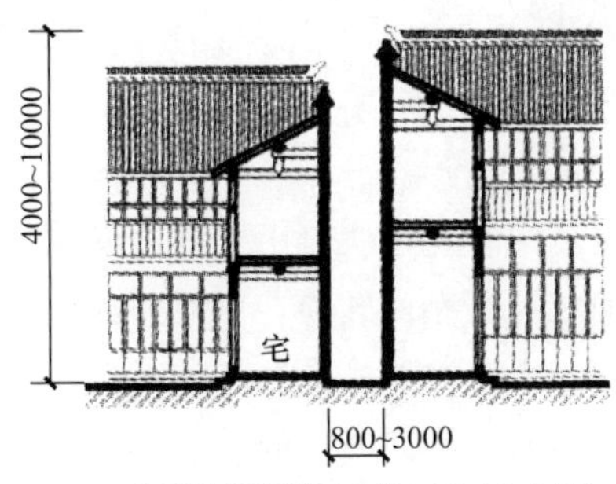

巷弄空间的剖面：1/3>W∶h>1/10

图 5-36　水乡村镇河道到弄的街道尺度变化

（引自《城镇空间解析——太湖流域古镇空间结构与形态》）

在水乡村镇中，街道的空间层次多为河道—临河街道—平行于河岸的街道—巷道—弄。从“河道”到“弄”是空间尺度逐渐减小的过程，这一系列空间形成了整体的交通空间序列。河道空间的宽高比远远大于 1；沿河街市空间和普通街道空间宽高比一般小于 1 而大于 1∶3；巷弄空间宽高比有的甚至小于 1∶10。❶ 浙江省嘉善县西塘镇的石皮弄建于明末清初，地处小镇西街西侧，南北向，弄长 68 米，弄口最窄处仅 0.8 米，而两侧山墙高达 11 米（图 5-36）。

第四节　村镇空间的景观变化

村镇中的街道与广场因其建造过程的自发性而不能整齐划一，且传统村镇布局和建筑布局都与其所处的自然环境紧密关联，因此形成了丰富的村镇空间景观变化。

平原、山地、水乡村镇因其自然环境的迥异，呈现出各具魅力的村镇景观。

一、平面村镇的曲折变化

建于平地的村镇聚落街道景观为补先天不足而取形多样。单一线形街，一

❶ 段进，季松，汪海宁. 城镇空间解析——太湖流域古镇空间结构与形态. 北京：中国建筑工业出版社，2002：48.

般都以凹凸曲折、参差错落取得良好的景观效果。两条主街交叉，在节点上的建筑形成高潮；丁字交叉的街道注意街道对景的创造；多条街道交汇处几乎没有垂直相交成街成坊的布局(图 5-37～图 5-41)。街道转折时采用交角式、拌角式、切角式等方法，与建筑物相结合，或与植物树下相结合，或与水系相结合，形成丰富的曲折变化。

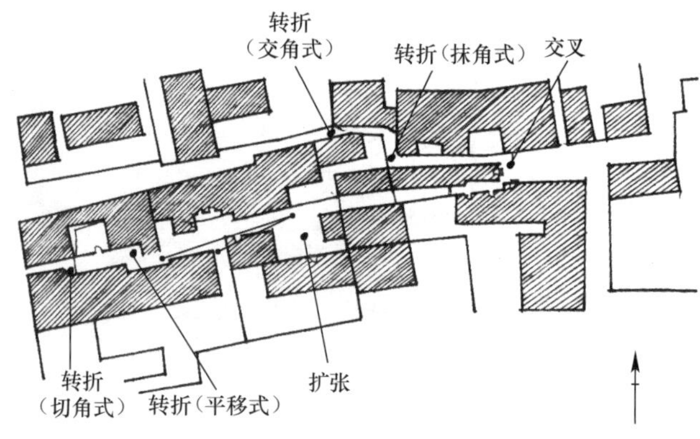

图 5-37　传统村镇街道转折示意

（摹自《城镇空间解析——太湖流域古镇空间结构与形态》）

巷道传达出感知的连续性。街巷多半不是平直的，曲折迂回的自由形态分散了线性空间的透视深度。同时巷道两侧平实的墙面有节奏地被各家各户的入口空间分割成段落，呈现简单与复杂的转换，于是连续的线变成了线段，避免了单一乏味的行走体验。有序与无序的重叠并置，丰富了空间体验的多样性。

不同形状的巷道，会给人以不同的空间感受。空间宽窄变化给人的感官和心理印象远比立面变化来得深刻。有些街巷的某些地段，由于两侧建筑物的夹峙，空间异常封闭，但在某些地段，使人豁然开朗。视野的极度收缩与空间的突然扩大给人合与开的强烈对比。还有一些街道，其中某段仅用低矮的院墙来限定空间，院内种植花木，每当行人路过，环境与氛围随之转换，令人倍感亲切。

图 5-38　云南和顺乡街道转折对景

图 5-39　云南和顺乡弯曲街道

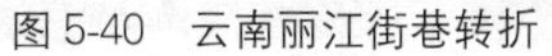

图 5-40　云南丽江街巷转折

图 5-41　云南束河临水街巷转折

二、山地村镇的高低起伏

湘西、四川、贵州、云南等地多山，村镇常沿地理等高线布置在山腰或山脚；在背山面水的条件下，村镇多以垂直于等高线的街道为骨架组织民居，形成高低错落、与自然山势协调的村镇景观。

有些村镇的街道空间不仅从平面上看曲折蜿蜒，而且从高程方面看也起伏变化，特别是当地形变化陡峻时，还必须设置台阶，而台阶的设置又会妨碍人们从街道直接进入店铺。为此，只能避开店铺，每隔一定距离集中地设置若干步台阶，并相应地提高台阶的坡度，于是街道空间的底界面就呈平一段、坡一段的阶梯形式。这为已经弯曲了的街道空间又增加了一个向量的变化，所以从景致效果看极富特色。处于这样的街道空间，既可以摄取仰视的画面构图，又可以摄取俯视的画面构图，特别在连续运动中来观赏街景，视点忽而升高、忽而降低，间或又走一段平地，必然强烈地感受到一种节律的变化（图 5-42～图 5-47）。

三、浙江水乡村镇的空间渗透

在江苏、浙江、华中等地的水网密集区，水系既是居民对外交通的主要航线，也是居民生活的必需。这时，村镇布局往往根据水系特点形成周围临水、引水进入村镇、围绕河汊布局等多种形式，使村镇内部街道与河流走向平行，形成前朝街后枕河的居住区格局（图 5-48）。

由于临河而建，很多水乡村镇沿河设有用船渡人的渡口。渡口码头构成双向联系，把两岸变为互相渗透的空间，开阔的河面成为空间过渡，形成既非此岸、亦非彼岸的无限空间。同时，必然建有供洗衣、浣纱、汲水之用的石阶，使得水街两侧获得虚实、凹凸的对比与变化（图 5-49、图 5-50）。江南古镇的临水商业街市，沿街店铺门前常搭有棚布，使商贾、买客免受雨淋日晒之苦，后来有的就做成固定的廊棚，一端靠着铺面楼底，一端伸出街沿，撑以木柱，实铺了屋瓦，成为店铺门面之延伸。这样既可以遮阳，又可以避雨，方便行人。一般通廊临水的一侧全部敞开，间或设有坐凳或“美人靠”，人们在这里既可购买日用品，又可歇脚，并领略水景和对岸的景色，进一步丰富了空间层次（图 5-51～图 5-54）。

图 5-42　北京灵水村山地街巷（一）

图 5-43　北京灵水村山地街巷（二）

图 5-44　北京爨底下村街巷起伏

图 5-45　浙江诸葛村街巷高低起伏

图 5-46　山西西湾村街巷起伏（一）

图 5-47　山西西湾村街巷起伏（二）

图 5-48　浙江乌镇水乡风貌

总之，传统村镇乡土聚落是在中国农耕社会中发展完善的，它们以农业经济为大背景，无论选址、布局和构成，还是单栋建筑的空间、结构和材料等，无不体现着因地制宜、因山就势、相地构屋、就地取材和因材施工的营建思想，体现出传统民居生态、形态、情态的有机统一。它们的保土、理水、植树、节能等处理手法充分体现了人与自然的和谐相处。既渗透着乡民大众的民俗民情——田园乡土之情、家庭血缘之情、邻里交往之情，又有不同的“礼”的文化层次。建立在生态基础上的聚落形态和情态，既具有朴实、坦诚、和谐、自

图 5-49　浙江芹川村水街（一）

图 5-50　浙江芹川村水街（二）

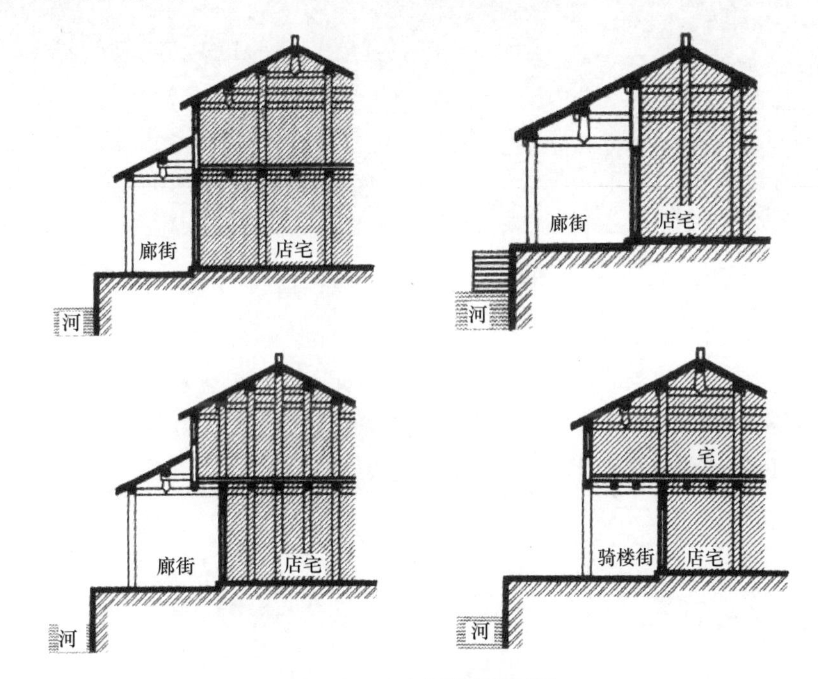

图 5-51　水乡村镇廊棚剖面

（引自《城镇空间解析——太湖流域古镇空间结构与形态》）

图 5-52　浙江岩头村水街廊棚

图 5-53　浙江南浔镇水街廊棚

图 5-54 浙江乌镇水街廊棚

然之美，又具有亲切、淡雅、趋同、内聚之情，神形兼备、情景交融。[1] 这种生态观体现着中国乡土建筑的思想文化，即人与建筑环境既相互矛盾又相互依存，人与自然既对立又统一。这一思想是在小农经济的不发达生产力条件下产生的，但是其思想的内涵却反映着可持续发展最朴素的一面。

❶ 单德启．生态及其与形态、情态的有机统一——试析传统民居集落居住环境的生态意义．中国民居第二次学术会议交流论文，1990-12.

参考文献

1. 郭谦. 湘赣民系民居建筑与文化研究. 北京：中国建筑工业出版社，2005.
2. 余英. 中国东南系建筑区系类型研究. 北京：中国建筑工业出版社，2001.
3. 孙大章. 中国民居研究. 北京：中国建筑工业出版社，2004.
4. 李秋香，陈志华. 流坑村，石家庄：河北教育出版社，2003.
5. 陈志华. 张壁村. 石家庄：河北教育出版社，2002.
6. 李秋香. 陈志华. 郭峪村. 石家庄：河北教育出版社，2004.
7. 李秋香. 石桥村. 石家庄：河北教育出版社，2002.
8. 龚恺. 豸峰村. 石家庄：河北教育出版社，2003.
9. 陈志华，李秋香，楼庆西. 诸葛村. 石家庄：河北教育出版社，2003.
10. 楼庆西. 西文兴村. 石家庄：河北教育出版社，2003.
11. 刘杰. 库村. 石家庄：河北教育出版社，2003.
12. 楼庆西. 南社村. 石家庄：河北教育出版社，2004.
13. 陈志华，楼庆西，李秋香. 新叶村，石家庄：河北教育出版社，2003.
14. 丁俊清. 中国居住文化. 上海：同济大学出版社，1997.
15. 贺业钜. 中国古代城市规划史. 北京：中国建筑工业出版社，2002.
16. 张宏. 性·家庭·建筑·城市——从家庭到城市的住居学研究. 南京：东南大学出版社，2001.
17. 梁雪. 传统村镇实体环境设计. 天津：天津科学技术出版社，2001.
18. 李秋香. 中国村居. 天津：百花文艺出版社，2002.
19. 王其钧. 中国民间住宅建筑. 北京：机械工业出版社，2003.
20. 王其钧. 中国民居三十讲. 北京：中国建筑工业出版社，2005.
21. 王晓阳，赵之枫. 传统乡土聚落的旅游转型. 建筑学报，2001（9）.
22. 陈伟.［中国科学技术大学博士学位论文］徽州传统乡村聚落形成和发展研究. 2000.
23. 张小林.［南京大学博士学位论文］乡村空间系统及其演化研究——以苏南为例. 1997.
24. 赵之枫.［清华大学博士学位论文］城市化加速时期村庄集聚及规划建设研究. 2001.
25. 陆琦. 中国古民居之旅. 北京：中国建筑工业出版社，2005.
26. 蒋高宸. 和顺. 北京：生活·读书·新知三联书店，2003.
27. 赵之枫，张建，骆中钊. 小城镇街道和广场设计. 北京：化学工业出版社，2005.
28. 吴晓勤等. 世界文化遗产-皖南古村落规划保护方案保护方法研究. 北京：中国建筑工业出版社，2002.
29. 李秋香，陈志华. 村落. 北京：生活·读书·新知三联书店，2008.
30. 白占全. 碛口民居. 北京：中国文史出版社，2005.
31. 李红. 聚落的起源与演变. 长春师范学院学报（自然科学版）. 2010（6）.
32. 周沛. 农村社会发展论. 南京：南京大学出版社，1998.

33. 刘沛林．论中国古代的村落规划思想．自然科学史研究，1998（1）．
34. 金其铭．农村聚落地理．北京：科学出版社，1988．
35. 林川．晋中、徽州传统民居聚落公共空间组成与布局比较研究．北京建筑工程学院学报，2000（1）．
36. 段进，季松，汪海宁．城镇空间解析——太湖流域古镇空间结构与形态．北京：中国建筑工业出版社，2002．
37. 彭一刚．传统村镇聚落景观分析．北京：中国建筑工业出版社，1994．
38. 张雪梅，陈昌文．藏族传统聚落形态与藏传佛教的世界观．宗教学研究，2007（2）．
39. 赵月，李京生．喀什旧城密集形聚落——喀什传统维族民居．建筑学报，1993（4）．
40. 周百灵，风水理论对荆门地区传统民居村落选址的影响．南方建筑，2004（1）．
41. 刘沛林．风水——中国人的环境观．上海：上海三联书店，1995．
42. 李宁，李林．传统聚落构成与特征分析．建筑学报，2008（11）．
43. 贾志强，葛剑强．浅析传统民居聚落的空间形态．山西建筑，2008（9）．
44. 范霄鹏，田红云．乡土聚落营造中的人文共识．华中建筑，2008（9）．
45. 马磊．浅析鄂西土家族传统民居及聚落特征．华中建筑，2009（11）．
46. 杨晓峰，周若祁．吐鲁番吐峪沟麻扎村传统民居及村落环境．建筑学报，2007（4）．
47. 金其铭，董新，陆玉麒．中国人文地理概论．西安：陕西人民教育出版社，1990．
48. 段进等．世界文化遗产西递古村落空间解析．南京：东南大学出版社，2006．
49. 费孝通．乡土中国．北京：生活·读书·新知三联书店，1985．
50. 马航．中国传统村落的延续与演变—传统聚落规划的再思考．城市规划学刊，2006（1）．
51. 陈伟．徽州乡土建筑和传统聚落的形成、发展与演变（续）．华中建筑，2000（4）．
52. 李昕泽，任军．传统堡寨聚落形成演变的社会文化渊源——以晋陕、闽赣地区为例．哈尔滨工业大学学报（社会科学版），2008（6）．
53. 王金平，杜林霄．碛口古镇聚落与民居形态初探．太原理工大学学报，2007（2）．
54. 霍耀中，刘沛林．流失中的黄土高原村镇形态．城市规划，2006（2）．
55. 王绚，黄为隽，侯鑫．山西传统堡寨聚落研究．建筑学报，2003（8）．
56. 谭立峰，张玉坤，辛同升．村堡规划的模数制研究．城市规划，2009（6）．
57. 王绚，侯鑫．陕西传统堡寨聚落类型研究．人文地理，2006（6）．
58. 王绚，侯鑫．传统防御性聚落分类研究．建筑师，2006（4）．
59. 张国雄．开平碉楼的类型、特征、命名．中国历史地理论丛，2004（3）．
60. 孙天胜，徐登祥．风水—中国古代的聚落区位理论．人文地理，1996（10）．
61. 杨庆．西双版纳傣族传统聚落的文化形态．云南社会科学，2000（2）．
62. 伍国正，吴越．郭俊明．传统村落的人居环境—张谷英和黄泥湾古村落的调查报告．华中建筑，2006（11）．
63. 童志勇，李晓丹．传统边地聚落生态适应性研究及启示—解读云南和顺乡．新建筑，2006（4）．
64. 张希晨，郝靖欣．皖南传统聚落巷道景观研究．江南大学学报（自然科学版），2002（2）．

图片说明

序号	图片名称	图片原始出处	处理方式
1-1	陕西临潼姜寨母系氏族部落聚落布局概貌图	《中国古代城市规划史》	摹绘
1-2	陕西西安半坡氏族部落聚落总体布置图	《中国古代城市规划史》	摹绘
1-3	河南汤阴白营氏族聚落居住区布局示意图	《中国古代城市规划史》	摹绘
2-1	村落的均质分布		
2-2	高隆八景图	《村落》	引自
2-3	安徽西递村牌楼	昵图网	引自
2-4	安徽西递村	昵图网	引自
2-10	安徽南屏村建筑	黄山影像 http://www.colourhs.com/html/yingrenfengcai/2010/0205/381.html 黟县南屏散记	引自
2-11	山西乔家大院	http://lvyou.baidu.com/qiaojiadayuan 乔家大院	引自
2-12	山西王家大院		
2-13	山西平遥古城		
2-14	太湖流域主要古镇分布图	《城镇空间解析——太湖流域古镇空间结构与形态》	引自
3-7	农耕聚落分布图	《北京郊区村落发展史》	引自
3-8	安徽歙县渔梁镇平面图	《中国民居研究》	摹绘
3-9	浙江嘉兴乌镇平面图	《城镇空间解析——太湖流域古镇空间结构与形态》	改绘
3-12	山西碛口镇平面示意图	《碛口古镇聚落与民居形态初探》	改绘
3-14	广东开平梳状住宅平面图	《中国民居研究》	改绘
3-17	新疆喀什街道		
3-18	新疆喀什城平面图	《传统村镇实体环境设计》	引自
3-25	山西襄汾县丁村总平面图	《村落》	引自
3-26	江苏昆山周庄总平面图	《城镇空间解析——太湖流域古镇空间结构与形态》	改绘
3-27	江苏昆山周庄街市示意	《城镇空间解析——太湖流域古镇空间结构与形态》	改绘
3-28	江苏昆山周庄水巷（一）	《枕河人家》	引自
3-33	山地聚落布局平面图	《广西民居》	引自
3-34	四川石柱县西沱镇平面图	《中国民居研究》	引自
3-35	北京爨底下村平面图	《中国民居研究》	引自
3-39	山西李家山村建筑群屋顶平面	《村落》	摹绘

续表

序号	图片名称	图片原始出处	处理方式
3-46	山西平陆县槐下村下沉式窑洞群总平面图	《山西传统民居》	引自
3-47	下沉式窑洞剖面图	《村落》	摹绘
3-49	陕西长武县十里铺村窑局部平面图	《中国村居》	引自
3-50	陕西长武县十里铺村窑洞两家窑院平面图	《村落》	摹绘
3-57	山西灵石恒贞堡平面图	《山西传统民居》	引自
3-58	山西灵石张壁村平面图	《中国民居研究》	改绘
3-61	山西阳城郭峪村平面图	《村落》	引自
3-62	陕西韩城党家村平面图	《中国民居研究》	引自
3-71	福建永安安贞堡平面图及立面图	《村落》	引自
3-88	安徽黟县宏村水系平面图	《中国传统民居》	摹绘
3-94	江西乐安县流坑村平面图	《中国民居研究》	摹绘
3-95	风水观下的典型村落示意	《中国民居研究》	引自
3-96	风水观中水的形态	《中国传统民居》	引自
3-98	安徽歙县棠樾村水口平面图	《中国民居研究》	引自
3-99	江西豸峰村平面图	《豸峰村》	摹绘
3-100	浙江诸葛村平面图	《诸葛村》	引自
3-101	浙江诸葛村风水示意图	《诸葛村》	摹绘
3-104	浙江建德新叶村景观平面示意图	《中国民居研究》	摹绘
3-105	浙江苍坡村总平面图	《中国民居研究》	摹绘
3-108	浙江芙蓉村“七星八斗”布局图	《中国民居研究》	摹绘
3-110	广东南社村平面图	《南社村》	引自
3-111	傣族村落平面图	《中国民族建筑论文集》	引自
4-1	四川广安肖溪场平面	《中国民居研究》	引自
4-2	浙江江嵊县浦口乡扈家埠村平面示意图	《传统村镇实体环境设计》	摹绘
4-3	云南丽江古城四方街	《中国民居研究》	摹绘
4-4	浙江武义俞源村平面示意图	《俞源村》	改绘
4-5	山西阳城砥洎城平面示意图	《中国民居研究》	引自
4-6	贵州雷山苗族郎德上寨以芦笙场为中心的团块型村落平面	《中国民居研究》	引自
4-9	云南哈尼族村寨平面图	《中国民居研究》	引自
4-10	广东潮州市东寮乡平面示意图	《中国民居研究》	引自
4-12	云南景颇族村寨平面图	《中国民居研究》	引自
4-16	福建南靖石桥村四个时代的村落总平面布局图	《石桥村》	引自
4-21	浙江富阳龙门镇祠堂组团结构示意	《中国民居研究》	摹绘
4-22	浙江诸葛村平面图	《诸葛村》	引自
4-23	浙江新叶村祠堂序列明细表	《新叶村》	引自
4-24	浙江新叶村荣寿堂及周围住宅	《新叶村》	引自
4-25	浙江新叶村旋庆堂及周围住宅	《新叶村》	引自

续表

序号	图片名称	图片原始出处	处理方式
4-26	浙江新叶村有序堂及周围住宅	《新叶村》	引自
4-27	湖南岳阳张谷英村总平面图	《中国民居研究》	引自
4-39	山西郭峪村内居住区划分区	《郭峪村》	引自
4-50	广东南社村祠堂、寺庙分布图	《南社村》	改绘
4-57	山西沁水西文兴村口平面复原意向图	《西文兴村》	引自
4-58	山西张壁村南门建筑群平面	《张壁村》	摹绘
4-59	山西张壁村南门建筑群轴测图	《张壁村》	引自
4-60	山西张壁村北门建筑群一层平面图	《张壁村》	引自
4-61	山西张壁村北门建筑群轴测图	《张壁村》	引自
4-65	江西流坑村文馆平面	《流坑村》	引自
4-69	山西沁水西文兴村魁星阁立面复原意向图	《西文兴村》	引自
5-1	云南大理周城镇图底关系图	《传统村镇实体环境设计》	摹绘
5-2	云南和顺乡平面结构图	《和顺》	摹绘
5-4	广场的形式	《城镇空间解析——太湖流域古镇空间结构与形态》	摹绘
5-6	商业街道的复合空间（白天）	《村镇实体环境设计》	改绘
5-7	商业街道的复合空间（夜晚）	《村镇实体环境设计》	改绘
5-8	骑楼及廊棚下空间	《城镇空间解析——太湖流域古镇空间结构与形态》	引自
5-14	安徽青阳县九华山化城寺寺前广场平面图	《传统村镇实体环境设计》	摹绘
5-16	浙江新叶村祠堂前广场	《新叶村》	改绘
5-21	四川犍为罗城镇剖面图	《中国民居研究》	引自
5-22	四川犍为罗城镇平面	《中国民居研究》	摹绘
5-23	四川犍为罗城镇鸟瞰图	《中国民居研究》	引自
5-25	上海朱家角镇庙前广场	《城镇空间解析——太湖流域古镇空间结构与形态》	摹绘
5-28	安徽宏村月塘平面图	《传统村镇实体环境设计》	改绘
5-36	水乡村镇河道到弄的街道尺度变化	《城镇空间解析——太湖流域古镇空间结构与形态》	引自
5-37	传统村镇街道转折示意	《城镇空间解析——太湖流域古镇空间结构与形态》	摹绘
5-51	水乡村镇廊棚剖面	《城镇空间解析——太湖流域古镇空间结构与形态》	引自

注：未注明图片来源和处理方式的为作者自摄或自绘。

后　记

书稿的撰写源自2001年，至今已有10多年时间。原本应作为系列丛书中的一部分，竟拖至丛书已然全部出版还未成稿，实感惭愧。

自师从单德启先生攻读博士学位，开始逐步走入乡村，探访村落，体味传统民居的幽远魅力。毕业后执教于高校，为研究生开设传统民居与地区建筑课程，借此得以较为系统地学习和了解村镇文化，步入中国传统民居这个绚烂多姿的世界，却也越发为自己当初应允撰写此书时初生牛犊的勇气汗颜。随后几年，通过多次参加民居会议和外出考察，尽可能多地探访全国各地的传统村镇，逐步增强对传统村镇聚落的认识，也进一步丰富了资料。写写停停，总是在寒暑假才有时间动笔，故时至今日才得以付梓。

传统聚落是地域文化的重要载体，本书以传统村镇聚落整体空间形态为对象，并未过多涉及各地民居单体建筑。一是希望能更加丰富传统民居的研究内容；二是因为自己多年来一直从事村镇规划研究与实践，更关注于村镇聚落的演变发展。近年来随着城镇化的持续推进，广大乡村地域社会经济正在经历着深刻的变革，从新农村建设、美丽乡村建设，到传统村落保护等，衰落、破败、更新、保护、重生，成为传统村镇发展所要面对的现实与选择。传统村镇的过去、现在、未来正在牵动着人们的目光。

随着写作过程的深入，我越来越觉得中国传统文化的博大精深，回味无穷，能够有机会深入学习，获益匪浅。这种边学边写的过程似乎能够让人的心静下来，沉淀下来，而不再那样浮躁。因此，写作从一种被动行为逐渐转变为一种主动行为。同时，我更是对那些深入古村落进行调研、测绘、考证的学者们充满深深的敬意。如果没有他们的研究基础，本书是不可能完成的。我也认识到，每个聚落的人文底蕴是历经岁月的磨砺，在漫长的演变中逐渐生长和积淀的，有其发生、发展的历史大环境，与地域的历史、文化、经济、社会紧密相联。而限于篇幅，本书无法将每个村镇的历史文化背景均叙述得清晰完整，只能根据所要论述的内容加以整合，难免有断章取义之处，留下不少遗憾。

在本书编写过程中，张蕾、闫惠、曹浩伟、邱腾飞等同学参与了图片绘制和整理工作。书中图片除注明出处外均为作者拍摄。

因学识和经验有限，书中难免有疏漏之处，还望读者给予批评指正。

作者

2015年春于北京